幸福人生的秘诀

顾鸿翔 范锦华 编

吉林人民出版社

图书在版编目（ＣＩＰ）数据

幸福人生的秘诀 / 顾鸿翔, 范锦华编. — 长春：
吉林人民出版社, 2010.10（2021.3重印）
（青少年探索文库）
ISBN 978-7-206-07088-4

Ⅰ.①幸… Ⅱ.①顾… ②范… Ⅲ.①人生哲学—青
少年读物 Ⅳ.①B821-49

中国版本图书馆CIP数据核字(2010)第192156号

幸福人生的秘诀

编　　者：顾鸿翔　范锦华
责任编辑：郝晨宇
吉林人民出版社出版（长春市人民大街7548号　邮政编码：130022）
印　刷：三河市燕春印务有限公司
开　本：700mm×970mm　　1/16
印　张：13　　　　字　数：110千字
标准书号：ISBN 978-7-206-07088-4
版　次：2010年10月第1版　　印　次：2021年3月第2次印刷
定　价：39.00元

如发现印装质量问题，影响阅读，请与印刷厂联系调换。

目 录

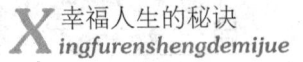

一、幸福箴言

　　什么是幸福？幸福在你觉得自己过去全心全意所干下的、每一件平凡而细小的工作都是为集体的、人民的事业的一部分的时候，你无愧、你充实，你没有白活，因为你是我们伟大事业的一个不可缺少的细胞。

　　幸福是来自内心的感受，是一种心灵的震颤，一种永恒的甘美。

　　幸福是一缕云，永远期待一片安谧的天空。

　　幸福是一杯水，清贫的生活里也有相亲相爱的幸福。

幸福是个醉人的字眼。然而，幸福不存在于宗教虔诚的祈祷里，也不存在于日复一日的坐待中，它孕育在生活的激流里，诞生在辛勤的劳动中。

幸福是铺满鲜花的地平线，追求是泥泞中不倦的跋涉。

幸福就是一个人为社会干了一点事后所产生的社会和其他人需要你的那种感觉，幸福就是一个人在饱经艰难之后为祖国和人民作出的一点成绩。

幸福就是对理想的追求，快乐就是在事业中攀登，而成功只是一个迈向新目标的起点。

幸福总是偏爱那些吃苦耐劳、面带微笑走向生活的人们。

幸福是有限的，因为上帝的赐予本来就有限；痛苦是有限的，因为人自己承受痛苦的能力有限。

幸福不时地来到那些学会了没有幸福也能过的人那儿去，而且只到他们那儿去。

幸福生长在我们自己的火炉边，而不能从他人的花园中采

得。

幸福存在于高尚的精神生活中，存在于有利于人类进步的事业中，更存在于一个人自身的不断努力中。

幸福永远存在于执著的追求和开拓中，并不存在于永久的安逸与享乐中。

幸福，在你为别人着想的时候，也有人在为你着想。

幸福往往使人安逸、陶醉，而困苦却能逼迫人去挖掘聪明才智。困苦和幸福，没有不可逾越的鸿沟。实际上，幸福恰恰就存在于克服困苦的过程中。

幸福寓于追求和探索之中，而不在于得到或占有什么。

幸福如果是别人给的，不能算是真正的幸福。真正的幸福只能靠自己去创造。

幸福并不在金钱挥霍的房屋底下，而在辛勤劳动的山巅之上。

幸福并不是等候在人生旅程的终点，而是孕育在为崇高理想而奋斗的整个征途中。

幸福和痛苦都不是与生俱来的。沉湎幸福，乐于安逸，只能得到短暂的满足；含辛茹苦，不懈追求，才能得到长久的欢乐。

幸福和痛苦往往只隔着一层透明的玻璃纸。当幸福炙手可热的时候，需要多一分冷静；当痛苦将心灵结下一层坚冰时，需要多一分热情。不要回避真挚的痛苦，以免失去高层次的幸福。

真正的幸福存在于不停的追求之中。一个不断奔忙的人，是一个疲惫的人，却也是一个最充实、最幸福的人。

人之永恒的幸福不在得到任何东西，而在于献身于伟大的事业。

人最幸福的是为群众出力，最痛苦的是失去人民的信任和为人民服务的机会。

人生最大的幸福就是坚信人们爱你。

　　人生本来就是一场战斗。真正的幸福不在于目标最终是否达到，而在于为达到目标的不懈奋斗之中。

　　世上没有十全十美、完满无缺的幸福。人在沙漠中见到一片绿洲是幸福，人生旅途中的一座茅屋是幸福，饥饿中的一口饭、饥渴中的一口水也是幸福……只要你珍惜它、用心去感受它，你就会知道幸福就在你的脚下。

　　没有苦恼，幸福也不会甜蜜；没有四季，春天也不会美丽。

　　珍惜你的幸福吧，一份平平淡淡的幸福，往往是来之不易的。

　　哪里有朋友，哪里就有幸福。

　　不被分享的幸福，不是完美的幸福。

　　自卑犹如一条流淌的小溪，它不仅载不来幸福之船，而且还会漂走生命的花瓣。

身在幸福中而能有自知之明，可不是一件容易事。

谁把安逸当作幸福的花朵，那么等到结果时，他只能望着空枝叹息。

快乐可依靠幻想，幸福却要依靠实际。

有时某种满足可能带来幸福，但幸福绝不仅仅是某种满足，它来自于创造，来自于奋斗，来自于拼搏，来自于奉献。

甜果，常常有苦涩的开头；幸福，往往是痛苦的结晶。

在最悲伤的时刻，不能忘记信念；在最幸福的时候，不能忘记人生的坎坷。

工作就是最幸福的开垦，不劳动的人永远没有节假日。

你想成为幸福的人吗？那就先学会吃苦吧。想不付出任何代价而轻易得到幸福，那是神话。

在五彩缤纷的梦幻中设计幸福，只会像海市蜃楼一样虚渺。在现实生活中勇敢开拓，勤奋创造，才能叩开幸福的大门。

从来都没有感受到幸福的人，或许并不是真正的不幸；只有那些曾经幸福过，却又失去了幸福的人，才真正感到不幸。

和睦的人际关系是幸福人生的基石。

婚姻的幸福并不完全建筑在显赫的身份和财产上，它却建筑在相互崇敬上，这种幸福的本质是谦逊和朴实。

一个幸福的家庭无异于是一个天堂。

假如你不仅仅是呼唤幸福，而是还去创造它；假如你把幸福从抽象变成具体，而且时刻摆在面前，那么，你便真正远离了忧愁。

坏人是靠好人的不幸获得幸福的；好人是因坏人的幸福而惨遭厄运的。

不求回报的爱才是对别人真正的爱；能使别人幸福的人自己才最幸福。

希望别人幸福，自己也是幸福的；嫉妒别人幸福，自己也不幸福。

观潮，虽然没有巨浪灭顶的危险和水浪侵蚀的痛苦，但永远享受不到战胜惊涛骇浪的幸福。

被人理解理解别人，被人爱慕爱慕别人，都会产生幸福感。

艰苦，不因你讨厌而离去；幸福，也不因你祈盼而到来。

所谓不幸福，就是不知自己要些什么却又拼命地去追求。

在痛苦中回忆幸福则愈加痛苦，在幸福中回忆痛苦则愈加幸福。

痛苦不需要分享，却需要分担；幸福不需要分担，但希望分享。

我应该踏出自己的路，哪怕浅浅的脚窝很快被别人覆盖，但我会骄傲，因为我重复了别人一千次，竟也有一次得到了别人重复，这是幸福。

少一点烦恼，多一分欢乐；少一点迷惘，多一点进取。这便是人生的幸福。

每个人都企望成功，企望幸福。但是，若把企望建立在压制别人成功，掠夺别人幸福的基础上，那是可鄙的；用乞求别人同情的办法，伸手要别人赏赐成功和幸福，也得不到真正的成功和幸福。

每个人都有缺少什么的时候，缺少什么都可以，就是不能缺少追求的目标。只有向自己提出奋斗目标并以自己的全部力量为之奋斗的人，才是幸福的人。

二、友谊花朵

友谊，是人际交往的心桥，建立感情的纽带，团结战斗的力量。

友谊，是一把雨伞下的两个身影，是一张课桌上的两对明眸，是理想土壤中的两朵小花，是宏伟乐章上的两个音符。

友谊是忠诚的聚合，加进了虚伪，便会稀释。

友谊是人生的一种幸福，是仅次于爱情的伟大感情。它能给人以慰藉、了解与鼓励，比兄弟更亲密，比战友更团结。

友谊是一种和谐的平等。

友谊是两颗心真诚相待，而不是一颗心对另一颗心的敲打。

友谊是最圣洁的灵物，她既会在同性中生根、发芽，也会在异性中开花、结果。

友谊的基础是尊重、信任、无私和真诚。

友谊的种子浸泡在酒中，是难以开花结果的。

友谊的长存，在于志同道合的始终。

友谊的火花在患难中闪光，战斗的旗帜在安乐中褪色。

友谊的表达不是用嘴，而是用全部的生活来证实；友谊的接受不是用耳朵，而是用整个心灵去体验。

友谊之线是不能轻易割断的，否则，即使恢复了也多了一个结。

友谊之树上也有需要剪的枝叶。

友谊需要忠实地播种，热情地浇灌，精心地培育，谅解地护理。

友谊和团结，不是好看的摆设，痛苦的共处；也不是粉红的贺年信，亲切的客套话。欺骗的友谊，是可怕的创伤；虚伪的团结，是凶猛的毒剑。

友谊在与人的交往中产生，而在孤独中进行体会。

友谊与仇恨的区别就像音乐不同于噪音一样，关键在于是否和谐。和谐是友谊的根本。和谐团结，小事业可以壮大；吵闹争斗，大事业也会瓦解。

真正的友谊，是一曲从心弦深处弹奏出来的歌。

真正的友谊，不是三月桃花一现，而是松柏四季常青。

真挚的友谊要用忠诚去播种，用热情去灌溉，用理解去培养，用谅解去护理。

虚伪的友谊，如映射着阳光七彩的雪花，但它最终经不起阳光的考验。

虚假的友谊如沙石筑起的岸，经不起涨潮的冲击。

同志间的友谊应该是：政治上相互帮助，学习上相互切磋，工作上相互促进，生活上相互关怀，品行上相互砥砺。

没有友谊，生命之树就会在时间的涛声中枯萎；心灵之壤就会在季节的变奏里荒芜。

扼杀友谊的罪魁祸首往往是友谊自身，因为我们易犯这样一个错误：友谊愈是深厚，心胸愈是狭隘，以至于对细微的波动敏感异常，进而作出错误的反应，并由此进入恶性循环。

缺乏真诚和信誉的友谊，定然不会长久。

如果说友谊是一棵常青树，那么，浇灌它的必定是出自心田的清泉；如果说友谊是一朵开不败的鲜花，那么，照耀它的必定是从心中升起的太阳。

如果把友谊比作鲜花，那么忠诚和信任便是它的种子，关怀和帮助便是它的甘露。

世间如果没有友谊，那么即使在阳光下，也会感到心寒；即使在人群中，也会感到孤独。

假如生命是坚实的松柏，友谊则如清清的甘泉。有了它，生命之树挺拔常青；假如追求是奋进的脚步，友谊恰是盛开的花朵。有了它，千沟万壑成为坦途；假如青春是冲浪的小舟，友谊宛若浩浩的春水。有了它，青春之舟永不搁浅。

在白昼紧张忙碌后，需要黄昏的恬静；在人生漫漫征途上，需要友谊的温馨。

火红的彩霞在雨后，真诚的友谊在别后；流水不因石而阻，友谊不因远而疏。

不欺骗、不狂诈、不傲慢、不掩饰，是友谊之树的根。

相互激励，相互信任，相互祝福，是友谊天河的星辰。

不计较得失，不企望回报，是友谊天空的片片红云。

善良的心地等于黄金，怀疑是对真挚友谊的毒害。

斩除嫉妒的荆棘，友谊之路宽广坦荡。

吹捧和奉承，只会得到虚假的友谊。

同志之间应该团结，要像伯牙和钟子期一样知音，要像马克思、恩格斯一样友谊。彼此把纯洁无邪的灵魂奉献给对方，就能战胜金钱的诱惑，排除物欲的刺激，跨越无形的思想障碍，在两颗心灵深处开放文明的友谊之花。

世界上没有一种药剂是通心的。唯有真诚的友谊，才是彼此心灵沟通的桥梁。

猜疑只会挖开感情的鸿沟，信赖才能架起友谊的桥梁。

把别人的欢乐作为自己的欢乐，能赢得朋友；把别人的痛苦作为自己的痛苦，能赢得友谊。

彩虹是架在天地间的桥，它美丽，但虚幻；友谊是架在心灵间的桥，它无形，却坚实。

荒凉的沙漠上可以看出骆驼的耐力，患难的经历可以看出

友谊的忠诚。

谅解是一种美德，它催化友谊，也催化爱情。

爱情可以给人带来情感上的欢愉，但也会带来种种不幸和痛苦。唯有纯洁的友谊，才能永远给人带来信心和力量。

走在沙漠上的人，希望有甘甜的泉水；在逆境中拼搏的人，渴望有诚挚的友谊。

欺骗是一张网，永远无法打捞起真正的友谊。

嫉妒是生活的毒剂，它使人际间的友谊之花一天天枯萎；鼓励则像久旱的甘霖，它为友谊带来勃勃生机。

真诚是不畏惧风雨的海燕，它永远翱翔在人们心灵的殿堂里。真诚与真诚相碰，那碰击的光，便是白天的太阳，夜晚的月亮、星星，使人与人的友谊发光、闪亮。

松柏长在高山上，梅花开在飞雪中，真金炼在炉火中，友谊结在战斗中。

根在泥土中吸收营养，鸟在鸣叫中寻找知音，鱼在竞争中方能生存，人在患难中识别友谊。

在人生的港湾，友谊是座不朽的码头。

倘若为了证明友谊而向对方袒露不该袒露的心灵之隐秘，这友谊也就随之死亡了。

用忠诚和信任筑成的友谊长堤是牢固的，不会被任何意外的风浪摧毁。

理解是一位友谊与和谐的春天的使者，是一座安定与团结的美丽的鹊桥。

朋友是什么？朋友是你在长途跋涉中慰藉过你的一丛树阴，一片草地，一缕温顺温顺的清风，一条清澈清澈的小溪。

真正的朋友，是一个灵魂孕育在两个躯体里。

真正的朋友是那些并不想有意识地接近你的人。

真正的朋友永远不会阻止你的去路，除非看到你走下坡

路。

真正的朋友不把友谊挂在嘴上，他们并不为了友谊而互相要求一点什么，而是彼此为对方做一切办得到的事。

人不能没有朋友，人不能没有友谊。如果失掉朋友和友谊，不仅会陷入最大的孤独，也将自己变成一片荒野。

一个人纵然赚得巨大的财富，不一定就会快乐；惟有获得朋友的纯真友谊，才值得高兴安慰。

一个好朋友就是一面镜子，他可以照出你的不足，帮助你不断完善和充实自己，所以人生得一知己足也。

一个好朋友，不仅能使你享受到友谊的欢乐，能替你分担生活中的忧愁，更珍贵的是能使你在生活的道路上得到许多有益的启示和帮助。

交友的目的就是要以朋友的卓越榜样和高尚人格来做效法的对象。在你的人生征途上，必须在和知己朋友彼此契合的灵魂合唱中，你才有真正的成长。

我喜欢与心爱的朋友结伴同行，因为同行中会有笑声。

在我们失望困扰时和我们相对无言，在我们哀痛悼亡时陪伴我们，能忍受我们的无知和久病不愈，在我们束手无策时能使我们正视困难的朋友，才是关心我们的朋友。

丰盛的菜肴美味一时，真诚的朋友情谊长存。

019

不要靠馈赠来获得朋友，你应当奉献你真挚的爱，学习怎样用正当的方法去赢得朋友的心。

与其说花前月下的情侣令人羡慕，还不如说生死之交的朋友更令人向往。

没有朋友的日子就像没有加调味剂的汤，索然无味。

生活中不能没有朋友，人一旦失去朋友就像荒漠中缺少了绿洲。

假朋友就像自己的影子，你在光明中行走，他紧跟你寸步不离，一旦你步入阴暗，他便立刻消失。

当朋友误解你时，不要解释，也不要叹息，用你的双眼坦诚地凝视他，用你真挚的情谊去感染他。

批评和劝告是朋友间最珍贵的礼物，奉承和吹拍是人世间最廉价的商品。

生活对你说，人生不能没有朋友，真正的友谊会鼓起你生活的勇气、热烈的憧憬，同时成为你经受挫折的支柱。

在人际交往中，不能只希望取得而不付出。结交朋友，如只求从朋友处得到好处和帮助，而不准备对朋友慷慨地给予，那就永远不能真正得到诚挚的友谊。

交一时的朋友需要金钱和互利，交一世的朋友需要信任和理解。

财富不是永久的朋友，朋友才是永久的财富。

对朋友在得意忘形时的劝告，同对他在悲观失望时的鼓励一样可贵。

我宁肯与人做朋友，不做情人。做情人，只得一时；做朋

友，可得一生。

把"行情"引进交友之道，以为谀词可以换取真心的，不就是那个爱把一切都放在"利害"的天平上称了又称的小贩吗?!

三、美之和弦

美是青春的旗帜，美是生活的花树。

美是生长在现实土壤中的花。秃子对美的追求是长出头发，而不是烫发；盲人对美的追求是使目光复明，而不是戴风流镜；跛腿者对美的追求是治愈腿疾，而不是穿高跟鞋；哑巴对美的追求是心声流露，而不是妙语连珠；驼背人对美的追求是挺直腰杆，而不是故作神态……那种不着边际想入非非的美只能是幻觉和雨后彩虹。

美是短暂的，又是永恒的。君不见：鲜花的美被凋谢断送了，蓝天的美被乌云遮挡了，黄昏的美被黑夜吞噬了。但鲜花还会开放，乌云总会散去，而太阳会重新升起。

美是吝啬的；丑是慷慨的。

美是很容易变丑的，因为一见到美，有人就要去占有。

美，总是与邪恶为仇，与真善结偶。

美，像一块将要燃烧的玻璃，尽管它本身并没有热量。

美犹如盛夏的水果，是容易腐烂难保持的。

美，不仅在于表现物自身，还取决于观察者的眼力，眼力不济者不能发现美。

美，应该表现在自然与和谐，真诚与纯洁，个性与创造。所以美的真正体现只能是生命精华的光芒闪射。

美，可以打开心灵的窗子；美，可以塑造人的灵魂；美，可以点燃心中之火，温暖人心。

美而无德，犹同绢花一般，徒具花的模样，却无花的芳香。

美的声誉来自美的行动。

美的容貌不一定就赋予美的灵魂，粗糙的贝壳却可能孕育着珍珠。

爱美是人之天性。一个不爱美的人，很难说是奋发有为的人。一个不爱美的民族，就是自暴自弃的民族，很难自立于世界民族之林。

爱美之心，人皆有之。自然美是美的低级形式，心灵美是美的高级形式。而同时有之，则是最上乘的美。这样的人生，可谓美的人生。

人美在内心世界：幼子之心，美在无邪；少女之心，美在无瑕；壮士之心，美在无畏；伟人之心，美在无私。这才是心灵美。

人们追求美，也可以适当地梳妆打扮给人以美感，但更重要的是追求心灵美。心灵丑恶打扮美艳的人，在人们心目中只是丑八怪、美女蛇。形体不美而心灵美的人，他（她）的美德定会引起人们美好的颂扬。

真正的美不是"天生丽质"，也不是"雍容华贵"，而应是包括仪态、谈吐、学识、行为在内的内在气质。

不要因美的容颜而陶醉，要为美的心灵而歌唱。

只要是花，在任何季节开放都是美的。

风度是人的心灵的外在反映和体现。心灵美的人，风度才会自然地流露出美的魅力。

每一个人心中都蕴藏着美，这种美只有在相信自己，周围的人也都相信她、爱护她的时候才会充分展现出来。

外表的美，不过是美在一张皮。如果没有相得益彰的内心的美，那么当你与之相处时，就会有一种上当受骗的感觉。

战士那褪了色的补丁了的黄军装是最美的，工人那一身油迹斑斑的蓝工装是最美的，农民那一双粗壮满是厚茧的手是最美的，劳动人民那被烈日晒得黑黑的脸是最美的，为中华腾飞而无私奉献的人的灵魂是最美的。这一切构成了我们时代的美。如果谁认为这并不美，那他就是不懂得我们的时代。

眼见的美远逊于想象的美，想象的美则又远逊于想象力之外的美。

人格美标志着一个人生命的光彩和生存的价值，它如桂如兰，如菊如梅；它不仅可以飘香万里，而且可以流芳百世。

无论岁月如何流逝，人类对真善美的追求是永恒的。

勇敢是美，勤奋是美，朴实是美，健康是美，聪颖是美，文明是美，朝气蓬勃是美，欣欣向荣是美。美能给人以享受，给人以愉悦，给人以力量。崇尚美，珍惜美应该成为每个人的品格和行为。谁能创造美，谁就能得到美。

巍巍高山有阳刚之美，滔滔江河有雄浑之美，依依垂柳有妩媚之美，纤纤碧草有温柔之美，皑皑白雪有纯洁之美，亭亭玉竹有高雅之美……美，是无处不在的。人，就应该具备这种自然、真实、永恒的美。

险峻是美，迤逦也是美。广博是美，高危也是美。集体中的每一个人都各有各的美。美在比较中显现，美在比较中升华。

创造性的劳动如果是美丽的花园，那么美便是花园里开放的鲜花。

朝晖不会落进昏睡者的瞳仁。追求美，才能得美。

如果你歌颂美，即使你在沙漠的中心，也会有听众。

把美的形貌与美的德行结合起来，美才会放射出真正的光辉。

四季中春天最美，人生中青春最美，给人生播种春天的人心灵更美。

气吞山河的壮举是一种美，美在灿烂多彩；平淡无奇的生活也是一种美，美在宁静恬和、美在深沉含蓄、美在饱览人世之后心灵的富有。

仪态顺乎自然则美，装腔作势必丑。

世界上没有一种美能同有自知之明的美相比，能同客观地承认自已而带来的恬静相比。

清白是一种美，但清白之美中并不含贫困的因子；富足是一种美，但富足之美中不能有丝毫贪婪的成分。

自然就是美，真实就是美，任何的雕琢只是一种造作，一种虚假。正因为如此，直面人生才是一种自然而真实的美。

火红的生命是一种美，青春的复苏是一种美，潇洒的步态也是一种美。

男人的美在于力量，女人的美在于气量。

只有外形美和心灵美、自然美和修饰美的完美融合并和谐统一，才真正是一种落落大方令人倾慕的风度。

肩宽体阔，虎背熊腰，五官端正，英俊潇洒，这是男性的形体美。然而，这不能称为"男子汉"。只有真才实学，目标宏大，内心刚毅的强者，才是真正的男子汉。

鲜嫩的面孔，乌黑的秀发，滋润光泽的肌肤，灵巧匀称的体态，这是女性特有的人体美。然而，这不是"美女"。人们的审美观，不仅是女性的外表美，更是她们在性格、情感、道

义和事业上的表现。

真正懂得美的人，在镜子里努力寻找的是自己的缺陷与不足，而不是孤芳自赏的怜影。

揭露丑，是一种美；因为丑在，所以美需要保护。

029

山的美不在于高，而在于景物；人的美不在于貌，而在于思想。

童心是美好的，但世界并不因为童心的祈祷而温柔。

平淡自有平淡的美丽：它是一场惊险的搏击之后的小憩，是一次辉煌的追求之后的沉思；它是种子发芽前的孕育，是山花盛开前的含蓄；它是告别了无知的炫耀之后的成熟，是终止了浅薄的狂妄之后的深沉。

请珍爱和培植现实生活中的美丽吧！美丽的东西不仅能给人带来欢愉，催人奋进，还有一种无法比拟的净化力量。

要想品尝收获的甘美，必先尝尽耕耘的劳苦。

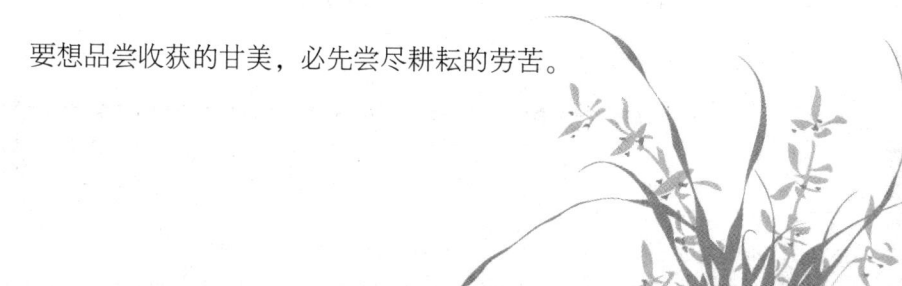

羊肠小道边的野花也会让人领略到生活的纯美。

外貌美只能取悦一时，内心美方能经久不衰。

花朵虽艳，终要凋谢；容貌再美，也会渐衰。唯有诚实的心灵之花才会光彩夺目，永开不败。

最美丽的色彩是感情的色彩；最美妙的声音是心灵的回音。

用眼睛欣赏美，并不比用双手来创造美更为欣慰。

漫步在花园中的观赏者只是美的过客，挥洒于春天里的耕耘者才是美的使者。

世界上最美的情景，不是在舞台上，不是在图画和作品中，而是在劳动里。

孩子们说：美是未来；老人们说：美是童年；失败者说：美是取得成功；成功者说：美是勇往直前。

当一个人拚命用衣物、用脂粉、用种种外在的东西去修饰自己的时候，意味着他（她）对自己本身的美已失去了信心。

　　美貌，像天上的彩虹，离开了阳光——一颗金子般的心，便没有生命。

　　相貌美丑，与镜子无关；品格高低，与职位无关；才能大小，与年龄无关；真理有无，与权力无关。

　　我赞美太阳，因为她的隐匿是为了让群星升起。

　　我赞美石渣密密集集地护守着枕木，护守着铁轨，多少年如一日地坚守着自己的岗位。

　　我赞美飞流直下的瀑布，因为它面对悬崖峭壁无所畏惧，即使粉身碎骨，也要唱出气势磅礴的浩歌。

　　人们为什么赞美松？是因为"大雪压青松，青松挺且直"；人们为什么赞美梅？是因为"已是悬崖百丈冰，犹有花枝俏"；人们为什么赞美菊？是因为"宁可枝头抱香死，何曾吹落北风中"。草木如此，人物亦然。

　　人们赞美夏天马路旁的白杨，因为它自己承受着灼热的阳

光，而把荫凉给了行路人。

人们常常赞美冬雪的洁白与美丽。其实，它真正的美却是将自己无声无息地潜入大地，化作滋润大地的甘露，来促使万物早日复苏，孕育出新春的嫩绿。

人们赞美在波涛汹涌的海洋上航行的巨轮，我则加倍赞美那藏身水底、永不停息地推动巨轮前进的螺旋桨。因为没有它不知疲惫、周而复始的飞速旋转，轮船不可能乘风破浪，奋勇向前！

有人赞美那迎着海浪而立、形态奇特的岩石，我却赞美那向岩石冲击的海浪。它顽强不屈、义无反顾、百折不回，最后终于将那坚固的岩石雕成各式各样奇特的形状。

你赞美海燕的勇敢坚毅，定会把风浪视为它的仇敌；海燕却振翅高呼：风浪啊——就是我自己。

有人惊叹高楼的雄伟，有人赞美大厦的壮观，而我却赞美基石，因为它知道这样一个哲理：沙滩上建不起楼房！

爱心，是心灵的天空一轮永远不落的太阳。

爱心，是人生大舞台上一架炽热的聚光灯。

爱是什么？爱是不能说，无法说清，但又不能不说的东西。

爱是一泓深潭，所有的愿望，都是冒出水面的气泡，而勇气却沉在水底；爱是一根长笛，所有的激情，都是飘出笛孔的音符，而歌词却沉在心底。

爱是一种双向交流，各自从对方身上汲取自己尚不具备的

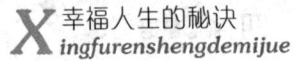
东西。

爱是一片不散的雾，扑朔迷离，进入里边的人看不清眼前的陷阱；爱是一条七彩的虹，漂亮迷人，只有在互相理解中才能得到永恒。年轻人啊，最好不要急于去寻找爱，它只可以得到，不可以拾到。

爱是一种心灵的呵护，它不会因为富比王侯而刻骨铭心，也不会因为囊中羞涩而孤寂无助。贫者与富者对爱都有同样的渴望。

爱是一颗耐人寻味的橄榄，理解和尊重是其赖以生存的内核。

爱是奉献，真正的爱是不求回报的。

爱是奉献，还是索取？奉献者将得到，索取者必丧失。

爱是瞬间的永恒，爱的世界是一个富有的世界。

爱是心灵的呼唤，爱是无私的奉献，它仿佛人间的春风，又宛如生命的源泉，只要人人献出真诚的爱，这世界将化成幸福美满的人间。

爱是自由的女儿，只有让她去，她才会来到你的身边。而束缚她，只能使她走得更远。

爱是无限的长征，因而任何时候都不能说彻底的征服，而应该看作是新的起步。

爱是彼此用心铭记，所以感情的真实，也就只是相互拥有时的真实。

爱是蹑手蹑脚地到来，离开时却摔门而去。

爱是人性的基本需求，缺乏爱，生命会被扭曲。

爱是长了翅膀的小天使，来人间散布快乐与欢笑。

爱是需要学习的一门功课，恨则不需人教，只要懂得挑拨就够了。

爱是心连心，手牵手的行为。

爱是永恒的千古绝唱的主题，得到与失去并不意味着幸运与不幸。相聚，不一定彼此欢颜；分离，不一定彼此痛苦；厮守，不一定相互愉悦；小别，不一定互相惦念。

爱是世界上最伟大的一种情操，它可以激发生命的潜力，又是精神上最大的鼓励与享受。

爱是两枚石子撞出的一串火花，引燃火花的，却是毕生的心血；爱总以婚礼作为表示，可真正的婚礼，却是在一生中进行。

爱是世界上最普通也是最稀有之物。它是灵魂对灵魂的渴慕、思念、浸透和融合。然而，爱只有在使人身心平衡、和谐发展的时候，才是真正的幸福美满。

爱是对别人的生命比对自己的更关心。

爱是火热的友情，纯净的了解，相互信任，共同享受和彼此原谅；爱是不受时间、空间、条件、环境影响的忠实；爱是人们之间取长补短和承认对方的弱点。

爱是圆的。真正的爱情没有起点，也没有终点。

爱是无解的。如果一定要有一个答案，那么我答：爱就是爱。

爱是伟大的，爱也是困难的：它需要你的提携，需要你的心、你的思想和行为。

爱是能醉人的，比如饮酒。滴酒不沾者，不识酒之美味；狂饮烂醉者，备尝酒之苦味。爱之酒，美在似醉非醉之间。

爱是不必苛求完美的，也难以完美。只要彼此心心相印，或有着心灵的感应，那就足够了。

爱是没有理由和条件的，讲出理由和条件的爱不是真爱，是交易，是情感的出卖。

爱不是科学，而是艺术。艺术的创造和欣赏需要智慧和激情，需要用心去感悟。这种深沉的情感只可意会，不可言传。它是无声的默许，无言的默契。

爱，用不着表白。因为无语的默契包含了一切；爱，用不着道歉。因为真正的爱绝不会像商人那样斤斤计较；爱，用不着辩解。因为爱是一种心灵感应，不是用语言谈判。

　　爱，不用问为什么。谁能说出夜幕中的星斗为什么闪亮，原野上的花朵为什么飘香，山谷里的小溪为什么歌吟？——谁也说不明白自己为什么会爱。爱和宇宙一样属于永恒，它像生命之树一样常青。

　　爱，没有语言作注脚，能解释的也就不是爱。爱不要设计，不要点缀，不要装潢，爱的终结不是衡量的付出和牺牲。

　　爱，应该使人变得高尚。

　　爱，能使弱者增添力量，能使强者更加坚强，能使伟大灵魂更加辉煌。

　　爱，并不能用时间来衡量，只要真心拥有，一瞬也天长地久；只要真诚爱过，一贫如洗也无限富有；只要真正爱过，哪怕一瞬，也可以含笑而逝，不枉一生。

　　爱，仿佛是月光下滚动的太阳，又仿佛是阳光下静默的月亮。

爱，不会在负心者的楼台前留步，却能够在真情人茅舍中永驻。

爱，意味着勿需山盟海誓的承诺，意味着把自己毫无保留地奉献于人，希望自己的爱能在所爱的人的心间激起爱的波澜。

爱，意味着把自己生命的一部分倾注给另一个人。

爱一个人也就是真诚地欣赏他（她）的一切。

爱一个人就是心疼一个人。爱得深了，潜在的父性或母性必然会参加进来。只是迷恋，并不心疼，这样的爱尽管炽烈，却缺乏深度，多半不能持久。

爱上一个人，好比是给自己的生命保上一次险：即便自己消失了，只要他（她）还存在，自己的生命也就还存在着一半。

爱上一个人，也等于是让自己的生命冒上一次险：即使自己还存在，只要他（她）消失了，自己的生命也就消失了一半。

是故，爱，使人安慰，也使人牵挂。

爱好比树苗，若缺少滋润，就会死在心田中。

爱犹如果酒、白酒和啤酒，不同的人爱不同的味。如果同时用三种酒，那你肯定品不出真正的味道。

爱像一朵玫瑰，让整个宇宙陶醉；爱像一朵玫瑰，让整个世界低回。

爱总是默默地织成网，捕捉地下的精华，让郁郁的生命蓬勃不息，用全部的真诚擎起一座丰碑，让朗朗的日月诵读不已。而花朵不过是爱的点缀。

爱就是关心另一个人的成功超过自己，爱就是愿意付出而不计较回报，爱就是从所爱的那个人身上获得喜悦、感动和勇气，爱就是彼此思念之时人格的升华和对生活强烈的向往。

爱的花蕾，包含着羞涩和神秘，只是在梦中才坦率地盛开。

爱的香花，在真诚的蓓蕾里孕育；爱的甜蜜，在无私的蜂巢里酿成。

爱的美酒不可以不喝，但也不可以多喝，多喝会酩酊大醉，伤神误事，爱者慎之。

爱的土壤肥沃，爱的果实才会甘美。

爱的本质是给予而非获取。

爱的阳光可以去除嫉妒与仇恨的霉菌。

爱的筵席，是令人日渐消瘦的心事，是举箸前莫名的悲伤，是不能饮不可饮也要拼的一醉。

爱的过程是寻找自我、发现自我、完善自我的过程。刻骨铭心的爱会使成年人变成孩童，彼此依恋的感情是那样深厚，为它欢笑，为它涕零。人们在他人身上惊讶地发现了自我，也在自己身上愉快地看到了他人。

爱得恰好是甘，爱得太过是苦。

爱具有酸甜苦辣的滋味。

爱能驱逐恐惧。

爱有时会让人变得聪明。

爱自己的孩子是人，爱别人的孩子是神。

爱自己只会让我们更孤独，爱别人会让我们更快乐。

爱并不能使世界旋转，但能使旅程快乐充实。

有爱，生命就会开花，这花一定甜蜜；有爱的潜流，生活就有动力，生命就不会枯竭。

有爱的家庭才能养出可爱的孩子。

真爱的方式有许多种，但是明白实现诺言也是爱的一种方式。

真正的爱，不单纯是拥有，而且要有仰慕与互补。

真正的爱，既能打破心灵的平衡，又能保持心灵的平衡。

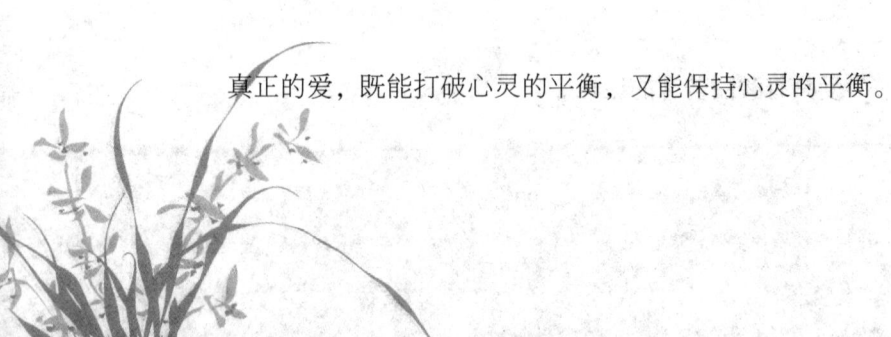

真挚的爱，不需要甜言蜜语，它像大自然本身一样自然。它在缄默中萌发，在无声中生长。

真挚、崇高的爱，能派生出如此的力量和胆识：使人在密集的火力网下能自如地行动，如入无人之境；使人虽在死亡的深渊边，他的精神却在爱的境界中升华。

真诚的爱，即使没有通向婚姻，也总是刻骨铭心的，甚至伴其一生，直到永远。

真诚的爱具有这样伟大的力量，它能给人以高尚的慰藉和道德的力量，使无知的心灵苏醒，使贫瘠的思想充实。

不求回报的爱既有快乐的一面，也有辛酸的一面。

如果只能同享欢乐而不能分担忧患，那么爱之舟在远航的波涛中必沉无疑。

如果你不爱自己，你也就不相信自己会被人所爱。

如果你被一个人深深地爱着，或者你深深地爱着一个人，都请你深信，你正在幸福之中。

如果没有爱，就没有痛苦，也没有幸福；如果没有追求，就没有失败，也没有成功。

如果不坦荡，爱得自然，比绞尽脑汁去爱还要艰难。

如果我痛苦得还不够，那是因为我爱得还不够。

求爱是一条充满艰险和趣味的道路，它将全面考察、激发一个人的各方面才能，并使之全力以赴去表现，任何懈怠都可能前功尽弃。

说爱是春花的人，可能还停留在爱的湖心岛上；说爱有苦味的人，却已驶入爱的瀚海。

向上的爱可以使人升华，升华的爱可以使人向上。

追求爱不等于会爱，爱的契机在貌离神合中独显异彩。

没有爱的人生是沙漠，为了爱而生活是浅薄。

只要拥有爱，灰烬中仍可摸到希望的火花；即是飘坠的枯叶，仍可找到安适的归宿。

谅解是爱的支点，失去它，最坚实的爱之墙也会出现裂痕甚至倒塌。

感情不能靠爱的暴风雨来维系，最深沉、最宝贵的是爱升华出来的理解，理解别人会使你获得更加真实的人生。

拥有一颗爱心，等于拥有一个欢乐的世界。

莫要在爱的失望中沉沦，而应在事业的呼唤中奋起。

细水长流的爱，永不褪色；热情如火的爱，冷得最快。

人应该为爱而活，不要为活而爱。

一生没爱过，等于春天没有花；一生没有被爱过，等于生命没有歌。

应该给爱留下一片空白，不然爱之穷尽时，双方都没有选择的余地。

所谓永恒的爱，是从红颜爱到白发，从花开爱到花残。

我原以为爱是慷慨的，它克制自己的需求。翻辞典才知爱是吝啬的，独占着不给别人。难怪人人都谈论爱，都在爱。

人是需要爱的，得到爱是一种幸福，能真诚地爱别人，是自己更大的幸福。

046

分寸感是成熟爱的标志，它懂得遵守人与人之间必要的距离，这个距离意味着对于对方作为独立人格的尊重。

一个人爱的最高境界是爱别人。

一个人，只应献出一颗爱心，也只应占有一颗爱心。

一个人如果未曾体验过爱的苦涩，就很难品尝出爱的甘甜。

一颗心的独奏不是爱，两颗心的共鸣才是情。

蕴藏着深沉的爱的心灵才充实，才完美，才有力量。

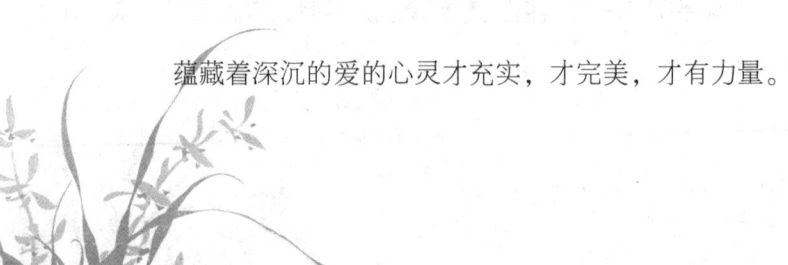

唯有经受过失望打击而爱心不灭的人，那力量才深厚，那爱才真切。

对别人的关心远超过自己就是爱。

人们喜欢把爱比作花朵，真正的爱不是一时的炫耀，而是持久的宣言，是纵横捭阖，向地层深处不断探寻的根系，它伸得越长，爱得越久；钻得越透，爱得越深。

047

小孩子的爱像气球，往往飘浮不定；年轻人的爱像等待，往往错过了时空；中年人的爱像乐曲，往往唱错了音符；老年人的爱却像登高，俯首一览众山小。

没有嫉妒就产生不了爱。

醉后方知酒浓，爱过方知情重。

小时候，爱是一只红薯，一半给你，一半给我；稍大时，爱是一堆草垛，你找我藏；待到青春烂漫时，爱却是一只米老鼠，每天在床头溜来窜去，将甜蜜的梦咬破；人到中年，爱又是一根弯弯的扁担，事业在这头，家庭在那头。爱到底是什么？

时光会逝去，容貌会枯槁，而真正的爱永远有初恋的热情。

井，挖得越深，水越清冽；爱，藏得越深，情越甜醇。

要亲密，但不要无间。人与人之间必须有一定的距离，这一点对于相爱的人也不例外。

没有爱的青春是孤独的，没有爱的追求是残缺的，没有爱的事业是悲哀的，没有爱的生命是痛苦的。所以，愿你我的一生都拥有爱。

没有爱是一种烦恼，特别是当你爱上别人，而别人不爱你；有人爱也是一种烦恼，特别是当人爱上你，而你却不爱别人。

在爱的大海上航行；既应扬起感情的帆，也要把好理智的舵。

属于你的那部分将永远属于你，不属于你的不要幻想去索取，爱尤其如此。

权力和地位的手杖，敲不开幸福的大门；金钱铸成的爱神之箭，射不中有情人的心。

人生需要爱，也就有了痛苦和幸福；事业需要追求，也就有了失败与成功。

对于人生，爱真像炼金术士所要寻找的那种"点金石"。它能使黄金倍增，又能使黑铁成金。

给你脉脉温情的人，给你盈盈流盼的人，给你温言软语的人，给你甜甜含笑的人，不一定都是爱；给你板起面孔的人，给你怒目而视的人，给你严厉斥责的人，不一定没有爱。

人类之爱，不尽是亲人之间的爱。那种素昧平生的爱，则更感人，更珍贵。

要打开心灵的门窗，只能启用爱的钥匙。

最好的和谐，产生于相异者之间。我们应当在相异中学会爱。

只要有桨在，失去了帆的船，还会在爱的码头靠岸。

请不必为自己是一片绿叶而失意，只要你真心去爱人，你就会感到这个世界充满了爱。

用沉默去爱，比用语言去爱更有味儿，而且高了一个层次。

是心与心牵引来，纵然爱得平凡，也有无限的富裕。

冰是水的凝固，泪是情的凝固，山是岩浆的凝固，爱是真诚的凝固。

枕在金钱和地位上的爱，只能是恨的伴侣。

挂在嘴角的爱往往短暂，刻在心上的爱常常持久。

溺爱，爱的畸形；偏爱，爱的叛逆；乱爱，爱的仇敌。

嫉妒心强的人永远也不会懂得：爱就是在他人的快慰中找到自己的幸福。

猜疑的树叶永远凝结着痛苦的泪雨，只有以信赖的液体清除猜疑的痕迹，爱才有和谐与真诚。

缺乏理智的爱和缺少感情的爱，同样是乏味的，甚至是愚蠢的。

051

五、情爱花蕾

爱情是什么？是清泉，是小溪，是悠悠的钟声，是阳光混杂着雨水，是游戏彼此胜负难分，是少女外在的娇羞，内心的愿意。

爱情是一种责任，一种付出，一种奉献，不负责任的索取，不是爱情。

爱情是一根魔杖，能把最无聊的生活点化成黄金。

爱情是一张神奇的网：用真诚的心丝织成，网住的是甜蜜和幸福；用轻率的伪线织成，网住的是悔恨与悲怆。

爱情是一位甜蜜的暴君，恋人都心甘情愿地忍受它的折磨。

爱情是一架神奇的天平，能测出一个人灵魂的分量。

爱情是一座辉煌的大厦，离不开忠贞构筑的地基；爱情是一朵绚丽的鲜花，离不开信任培植的沃土。

爱情是一曲混声二重唱，唯有节拍和谐，方能余音绕梁。

爱情是人生的一种幸福。至美的爱情必须志趣和禀性完全融洽，在爱的炉火中，铸造出共同的生命，"再也分不出你我"；至美的爱情敢向时间挑战，会随着岁月的增进而更加新鲜，在生命之中，永远不会衰老；至美的爱情更不怕命运的播弄，不仅能使环境"化腐朽为神奇"，而且能让时间"变短暂为永恒"。

爱情是一种复杂、纯洁、崇高的感情活动，它是由两颗心弹奏出来的和弦，而不是一方发出的独奏曲。

爱情是一种不能用公式去分析、不能用逻辑去推理、甚至也不能用道理去解释的不可理喻的情感。

爱情是鲜花，令人赞赏；是美酒，使人陶醉；是希望，叫人奋发；是动力，催人前进。

爱情是人生的诗，是花，是幸福，是美。

爱情是道德的明镜，因而看一个人最好看他（她）怎样恋爱。

爱情是心与心的默契。一对恋人间的一个眼神，胜过一部荟萃了爱情的巨著，这就是默契。

爱情是理想的一致、意志的融洽；而不是物质的代词、金钱的奴仆。

爱情是傲霜的秋菊，雪里的青松，是长途跋涉时手与手的搀扶，是艰难困苦中心和心的靠拢。

爱情是高贵的情感，更是脆弱的情感。爱情可以在空中楼阁中滋生的，而婚姻是要在柴米油盐中打发的。

爱情是人类之爱的重要部分，人们彼此间相互关心，诚挚

相待的文明氛围，会使爱情更显得美好温馨。

爱情是造物主对人最大的恩赐：它能使两个有缺憾的生命结合为一个完美而充实的新生命；它能使粗俗的心灵升华；它能使穷困的人感到富足；它能使小气的人变得大方。它能使自卑的人获得自尊；它能使绝望的人重获希望；它能使迷失的人觅得方向；它能使软弱的人变得坚强；它能使冷漠的人变得仁慈。它更能击败寂寞，驱逐忧虑，排除烦恼。它是荒漠中的甘泉，骇浪中的明灯，冰国里的春天，也是凡尘俗世的天使和一切艺术创作的泉源。

爱情是你眼中两颗迷途的星星，忽明忽暗地闪着神秘的荧光；爱情是你嘴里一枚含羞的青果，清凉酸甜的淌着莫名的思绪；爱情是一只活泼鸣翠的飞鸟，使你尽情享受着舒适恬静的画意和诗情；爱情是一只充满欢笑和泪水的水罐，磕磕碰碰响着生活的回音。

爱情是唯一的不能容忍过去或将来的情感。

爱情犹如甘霖，没有了它，干裂的心田即使撒下再多的种子，也终不可能萌芽滋长。

爱情是无价的。倘若有价，便成了"交易"。

爱情都是心照不宣的，我们应该追求含蓄，深沉的风格。因为形式的直露、浅率，易显出内容的贫弱、苍白。

爱情的火焰，需要添加忠诚的干柴。

爱情的成功有时并不在于投入了多少，而在于表现了多少并被对方所感觉和接受。

爱情的绿洲需要真情和勇敢来保护；科学的沙漠需要恒心和智慧来开垦。

爱情的天平加上了金钱的砝码，就会失去幸福的平衡。买卖婚姻成交的时候，往往就是爱情悲剧的开始。

爱情的自私是崇高的，自私的爱情是卑鄙的。

爱情的产生需要很多条件，而爱情一旦产生了，又要抛弃很多条件。

爱情的裂痕，只能用爱去焊补。

爱情的魅力在于互爱双方，把彼此的一切融为一体，和谐、纯洁又永相依存。

爱情的获得，应该像种瓜那样高尚，像瓜熟蒂落那样自然，像从清泉里掬起的一捧水那样洁净，像水乳交融那样无隙。

爱情的意义就在于帮助对方提高，同时也提高自己，唯有那因为爱而变得思想明彻、身手矫健的人才算爱着。

爱情的河流都是没有航标的，生活的道路都是没有界碑的。

爱情的温度计是以无私为水银柱的。最可怕的是爱上了一位自我中心者！

爱情的最高境界——长相知，不相疑。

爱情的加减乘除应该是：加上忠诚，减去猜疑，乘上勇气，除去虚假，便是生活之美满幸福。

爱情的最坚实的基础，在于世界观、人生观的合拍，在于志趣的相近，在于气质上的相互倾慕，在于理想、志气、抱负的一致与投契。

爱情，同所有美的事物一样，具有多角度，多侧面的美。相亲相爱是一种美，相敬相助是一种美，互相弥补是一种美，共同走向完美是一种美，就是丈夫发发大雷霆、妻子耍耍小脾气，在生活的海面上掀起一点波浪，在某种意义上未尝不美。

爱情，唯其甜蜜，才显得美丽；唯其欢欣，才显得强烈；唯其庄重，才显得严肃；唯其细腻，才显得神秘。

爱情，她美丽而严峻，当你接触她的时候，有两个字要记住，"责任"。

爱情，对有的人，她姓钱；对有的人，她姓权；对有的人，是共同的理想，是忠贞不渝的信任，是患难之中的友谊，是希望，是宽容，是力量。

爱情，生命美丽的花束；道德，心灵灿烂的阳光。真正拥有这些的人们会把生活装扮得芬芳又辉煌。

爱情可贵，它如大海，浩瀚无边，瞬息万变，蕴含无穷的力量；又无比神秘玄奥，可予人最大的欢乐，也可予人最酸辛的磨难。在人的生死歌哭中，它的旋律即使时隐时现，或淹没在乐曲的深处，却永远是最令人心动神驰的音符。

爱情只有一种，其副本却成千上万，千差万别。

爱情没有公式，感情决不是简单的逻辑判断，你不必按照别人的评判去追求自己的爱情。

爱情使人年轻；爱情也使人苍老。

爱情意味着权利，婚姻意味着义务。

爱情可以化陋室为宫殿。

爱情有一种无形的威力，它使愚笨的人变得聪明，它也能使聪明人变得愚笨。

爱情最起码的要求是诚实。以虚伪去骗取爱情，那爱情比骗术更虚伪。

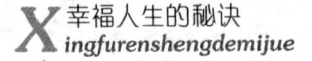

爱情一旦标上价格，它就成了商品。

爱情永恒地是一片美丽的圣地，一代又一代人真诚地登上那方圣坛。它在少年的梦幻中萌芽，在青年浪漫的激情中生长，又在成年人的成熟中成熟。到了老年，一生爱情坎坷而绚丽的轨迹，将变成扶手椅中的白发人那温馨而愉快的回忆。

爱情只有在不附上任何条件的时候，只有当你甘愿为心爱的人奉献一切而不求获取的时候，才是幸福的、充实的。当此之时，即使贫寒的陋室也会变成瑰丽的宫殿。

爱情既是在异性世界中的探险，带来发现的惊喜；也是在某个异性身边的定居，带来家园的安宁。但探险不是猎奇，定居也不是占有。毋宁说，好的爱情是双方以自由为最高赠礼的洒脱，以及决不滥用这一份自由的珍惜。

爱情之中，高尚的情分不亚于温柔的情分，使人向上的力量不亚于使人萎靡的力量，有时还能激发别的美德。

爱情之途，不能缺少这三块铺路石——理解、信任与忠诚。

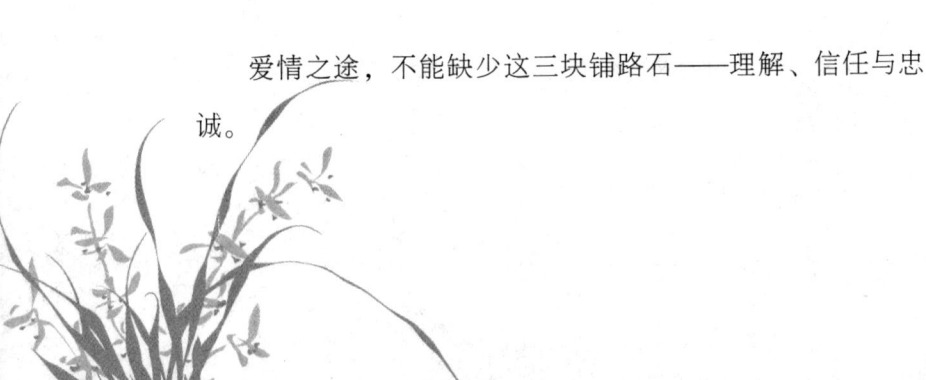

爱情和事业是生活的并蒂莲，缺少任何一方，生活都将黯然失色。

爱情不是占有，而是供给与牺牲。

爱情不是一闪即逝的电光，而是熊熊燃烧永不熄灭的火炬，它既能照亮现在，也能照耀未来。

爱情不是无边无际的幻想，不是娓娓动听的甜言蜜语，不是慷慨陈词的山盟海誓，不是如胶似漆的拥抱接吻。它是情操、忠诚、爱抚的化合，它是善良、坚贞、圣洁的结晶，它是理想的一致、意志的融合。

爱情不是一颗心去撞击另一颗心，而是两颗心共同撞击的火花。

爱情不可能长期地隐藏，也不可能长期地假装。

爱情不应像多情的小鸟，这枝蹦蹦，那枝跳跳。在这一点上，友谊是无私的，而爱情却是自私和专一的。

爱情并不像蜂蜜，尽是甘甜的；也不像苦果，尽是苦涩的。爱情的生命之树，在理解和忠诚中常青。

爱情决不是合股的代号，更不是交易的别名；只有用纯洁的品德作桥、以崇高的理想为带连结起来，才是真正的爱情。

真正的爱情，既是男女双方互相的征服，也是双方无条件的投诚。

真正的爱情，不应该吞噬一个人的事业与理想，相反，应该鼓舞人，唤醒人的内心沉睡着的力量和潜藏着的才能。

真正的爱情，原本就是一种牺牲，而不是占有。企图借爱情之舟，奔赴蓬莱而欲羽化成仙的红男绿女，将会永远搁浅在爱海的沙滩上。

面对爱情，一些人知难而进，一些人稍阻即退。知难而进的未必可成佳偶，稍阻即退的未必寡情。而婚姻的悲欢离合就在这进退之间拉开序幕。

稚嫩的爱情是一束火焰，漂亮、炽热、强烈，但又是柔弱的，闪烁的；成熟和冷静的心灵里产生出来的爱就像是煤，通体蕴藏着经久不息的灼热。

一见钟情的爱情加稳定牢固的婚姻加白头偕老的结局，是人生所开放的最美丽芳馥的花朵。

绚丽的爱情之花只要用真诚去播种，用信任去耕耘，用热情去浇灌，一定能绽开艳丽的花朵，结出甜蜜的果实。

有生命就有爱情，生命与爱情同在。爱情因生命而繁荣，生命因爱情而充实。

让爱情之花在事业的土壤中开放，而不要让爱情泛滥成洪水，把自己的生命淹没。

千万不要让爱情受到重创，因为世上没有愈合爱情创伤的灵药。

沉溺于爱情生活的人，是爱情的奴隶。它会使人丧失意志与毅力。

谁如果在山盟海誓中或甜言蜜语中一味地寻找爱情，那么以后等待他（她）的只有后悔。

猜疑的泥石流，常会造成爱情的塌方。

只带来生理快感的夫妇生活，是爱情的坟墓。

单凭激情是无法对付年复一年充满琐碎内容的日常共同生活的。爱情仅是感情的事，婚姻却是感情、理智、意志三方面通力合作的结果。

以金钱、财物建立起来的爱情，只能像河边的浅滩，日久容易枯竭；以共同理想孕育起来的爱情，才能像岩石一样永远牢不可破。

生活就像大海，爱情则是大海中的浪花。大海有了浪花更美丽，生活有了爱情则更甜蜜。

如果爱情的激流一定要淹没事业的堤坝，那么留下它的价值又该是多少呢？

山涧溪水因石阻方显其湍急，爱情之花沐风雨才愈加艳丽。

纯贞的爱情之花，是在革命理想中孕育的，是在和睦互励

中生长的，是在共同战斗中开放的。

只有让爱情的嫩苗植根在革命理想的沃土里，爱情之花才会绚丽娇艳，爱情之果才会甜蜜清香。

有爱情的生活是幸福的，为爱情而生活是空虚的。

在爱情的舞台上，你若不想成为一个悲剧的角色，就千万不要用虚伪来化妆。

缺点和错误是爱情肌体上的灰尘，友爱的批评是除尘去垢的细雨春风；护短只会使细菌滋生蔓延，它将吞噬爱情的纯洁心灵。

理解、信任、忠诚是爱情的三个基点，缺少任何一个都会导致爱情的倾斜。

一分钟内获得的爱情，一秒钟内可以失去。"一见钟情"的后面，常常是昙花一现的欢愉，青春流失的饮泣。

陶醉于爱情的海洋里，终归会被浪花所淹没。

离开了对事业的追求，爱情之路会越走越疲乏。

除了爱情没有别的，这种爱情经不起消耗；相反，除了爱情还有别的，这种爱情更有精锐的力量。相互给予对方，各自才会感到生命的丰满；各自想着占有，势必都为占有不得而打着自己的小算盘。

如果爱情背弃了你，朋友，不要枉然轻生！让生命在坚石上撞击出火花，你会获得新的元素：坚韧！

忠诚是爱情的绿洲，虚伪是爱情的沙漠。

无论"大丈夫"还是"女能人"都不能指望"爱情"把自己塑造成一个让对方"万事如意"的人。爱情往往相吸又相斥，要想使其牢不可破，最好的纽带只能是"理解与真诚"。猜疑是锋利的剪刀，它会剪断恋人们的感情纽带。

一个人，只要把爱情熔铸到事业的蓝图上，即使还没建树起惊心动魄的伟业，或者尚未取得留传长久的功勋，他的生活也一定是充实和自豪的。

在爱情的舞台上，虚伪能使人扮演悲剧的角色。

谁用虚伪架起一座爱情的桥梁，谁就会跌落在痛苦的深渊。

生活的花园里应该有玫瑰，但爱情的玫瑰不能独霸生活的花园。

只有对人类最强烈的爱情，才能激发出一种必要的力量，来追寻和领会生活的意义。

给爱情划界时不妨宽容一些，以便为人生种种美好的遭遇保留怀念的权利。

让我们承认，无论短暂的邂逅，还是长久的纠缠，无论相识恨晚的无奈，还是终成眷属的有情，无论倾注了巨大激情的冲突，还是伴随着细小争吵的和谐，这一切都是爱情。每个活生生的人的爱情生活不是一座静止的纪念碑，而是一道流动的江河。当我们回顾往事时，我们自己不必否认，更不该要求相爱的人否认其中任何一段流程、一条支流或一朵浪花。

面貌的美丽当然也是爱情的一个因素，但心灵与思想的美丽才是崇高爱情的牢固基础。

无论伟人，还是凡人，都不是无暇之玉，因此，爱情总会有遗憾。有遗憾的爱情，正是现实可贵的爱情。爱情越深，越能容纳遗憾。站在坚实的土地上，能欣赏你所爱异性的优点，能接纳心爱的人的弱点，能幽默地对待爱情中的遗憾——这样的人，就实实在在地真的得到了人间最美丽的感情；这样的人，他们懂得了爱情真正的含义。

　　不要以成败论人生，也不要以成败论爱情。

　　老实说，爱情多半是失败的，不是败于难成眷属的无奈，就是败于终成眷属的厌倦。然而，无奈留下了永久的怀恋，厌倦激起了常新的追求，这又未尝不是爱情本身的成功。

　　说到底，爱情是超越于成败的。爱情是人生最美丽的梦，你能说你做了一个成功的梦或一个失败的梦吗？

　　我不相信人一生只能爱一次，我也不相信人一生必须爱许多次。次数不说明问题。爱情的容量也就是一个人的心灵的容量。你是深谷，一次爱情就像一道江河，许多次爱情就像许多浪花。你是浅滩，一次爱情只是一条细流，许多次爱情也只是许多泡沫。

引起感官的骚动是性欲，引起心灵的振荡是爱情。

人在寂寞的时候接近异性，便会很容易地发生爱情。尽管眼前的人还不是意中人，但也因心中事而升华为意中人，因此不能一概视之为寻求解脱或寻求刺激。

有朝一日你动了爱情，千万保守秘密！没有弄清楚对方的底细，决不能掏出你的心来。

有爱情的生活是幸福的，但只为爱情而生活则是愚蠢的。

当爱情之舟被浪涛推翻，我们应当友好的分手，说声"再见"。

用爱情的标尺去测度，机智是最佳性格；用事业的砝码去衡量，稳重是最优品质。我们应该两栖，既能漫游于爱情之海，又能高攀于事业之峰。

真诚是爱情的酒曲，历时愈久愈浓郁。健康的爱情有着旺盛的生命力，即使受到暴风雨的摧残也不会枯萎。

游离于事业的爱情，无异于断了线的风筝。

生活是一部情深的书，而爱情则是其中最精彩而又最艰涩的一页，别人的注释代替不了自我的理解。

"不即不离，若即若离"，是艺术的最高境界，也是爱情的最高境界。

现实生活中有些人在爱情选择上的错误，并不是找错了对象，而是从一开始就没弄明白：在选择爱情的同时也就选择了一种生活方式，后者才是爱情的真正本质。

交友可以广泛，爱情只能专一。一心一意者高尚，心猿意马者糊涂，来者不拒者虚荣，左右逢源者轻薄，游龙戏凤者堕落，门当户对者封建。

婚姻是爱恋的结果，不是爱恋的结束。

婚姻是一曲锅碗瓢盆烦琐的咏叹调，更是一首风雨雪霜砥砺的赞美诗。

婚姻是在模糊中相爱、痛苦中想念、清醒时分手的一种情缘。

婚姻和家庭的一个重要意义在于给人以一个沙漠中的绿洲，一个海洋中的小岛。

在婚姻生活的幸福中，最动人的一幕也许还不是最初的那种如醉如痴的爱情，而是最后那种心心相印的相互依恋和理解：一起坐在菩提树下，不说一句话，却什么都已知道。

没有爱情的婚姻，是痛苦的无期徒刑。

没有感情的婚姻是不道德的，不要轻信善意的承诺，因为谁都无法预测未来的多变和艰辛。

在持久和谐的婚姻生活中，两个人的生命已经你中有我，我中有你，血肉相连一般地生长在一起了。共同拥有的无数细小珍贵的回忆犹如一份无价之宝，一份仅仅属于他们两人无法转让他人也无法传之子孙的奇特财产。与之相比，最浪漫的风流韵事也只成了过眼烟云。

罗素说，婚姻是个金鸟笼，外面的一心想飞进去，里面的一心想飞出来，此话只说对了一半。另一半应该是，当你真正飞进去的时候，会感到比幻想的色彩要单调许多，而当你真正飞出来的时候，又会感到一种说不出滋味的依依不舍。

因结婚而遭致痛苦的人，常常是那些把结婚作为爱情终点站的人。

婚姻一旦成功，世上无任何东西能替代它。

男女双方对彼此有信心才能造就成功的婚姻。

锁链不能把婚姻连在一起，是上百条细小的线通过岁月把人们联系在一起。

对于一个长期的孤独者来说，匆匆忙忙结一门姻缘，原本是想摆脱孤独，往往得到的却是双倍的孤独。

有人说爱情、婚姻是缘分和巧合，我说是两颗心的碰撞。在这种碰撞面前，什么反差都显得无足轻重。

当两颗忠诚、纯洁的心相印时，任何空间和时间的距离，任何不幸和痛苦的折磨，都会黯然失色。

心与心的相吻，是世界上最温暖、最甜蜜的。

人是变数。婚姻将两个变数凑合在一起而期望它不变，那将是天方夜谭。夫妻之间唯有学习认真地沟通，尽力地包容适应，才能创造更美好的明天。

买卖婚姻成交的时候，往往是爱情悲剧的开始。

恋爱是人生永久的音乐，它给青年以灿烂的光辉，给老人以圣洁的灵光。

过早的恋爱，等于把没有罗盘、没有舵桨的船投入大海，处处隐伏着触礁沉没的危险。

自我折磨或折磨别人，两者缺一，恋爱就不存在。

如果说恋爱是甜美的酒浆，那么随便乱喝也会变成烈性的毒汁。

轻率的玩弄恋爱，真如玩火一样，随时都有自焚的危险。

恋人之间的感情应是百分之百的真诚，至死不悔，百分之

百的梁山伯与祝英台、罗密欧与朱丽叶……

谈恋爱是一种跷跷板游戏，你和对方如果无法保持平衡，恋爱的甜美感觉会随风飘逝。

热恋的时候，丑是美，恨是爱，粗俗是高雅，打骂是亲热，缺陷、恶习是美德。宇宙间的一切都那么完美，没有一事一物可以挑剔。但是，请记住，这只是在热恋的时候！

失恋之后，不一定仍是失恋。同样，获得爱情之后，也未必还能保持爱情。

不要在别人的痛苦泪水中去驾驶自己的快乐之舟！当你在行使"恋爱自由"权利的时候，请不要忘记遵守起码的社会公德。

当你热恋的时候，当你的感情跌落起伏、渴望获得一切的时候，当恋人的贞操在向你呼唤的时候，愿你心灵的门扉上，拴上一根理智的小草。

在恋人面前，说了第一句谎话，接着就会说出第二句谎话，那么，你就永远无法自拔了。

初恋成功，容易使人增强生活的自信心而忽视自己先天的不足。

当你戴着猜疑的有色眼镜注视情人时，你所看到的情人的心往往是失真的。

当你同情人之间需要用誓言来维持时，危机也就同时出现了。

世上若只有一件事能洗去人们的憔悴，那就是情人的泪。

能引起你一见钟情的，十之八九有人爱着，因为美貌的姑娘和智慧的男子的周围，不可能没有爱慕的眼睛盯着。

当经过你身旁的姑娘都望你一眼的时候，请不要自鸣得意，那不是对你的高谈阔论的倾倒或赞许，而是有礼貌地表示她们的轻蔑和厌恶。

何谓爱情？两心一体。何谓友情？两体一心。

爱情浓郁，友情透明。爱情如建立在友情之上，就会更透

明、持久。

对友谊和爱情的哪怕是一种自欺的相信也有助于巩固它们。

谅解是一种美德，它催化友谊，也净化爱情。

教青年人恋爱，教他们明白爱情，教他们快乐生活，就要教他们有自尊心和人的尊严。

理想的夫妇关系是情人、朋友、伴侣三者合一的关系，兼有情人的热烈、朋友的宽容和伴侣的体贴。

在恋爱、婚姻、家庭、学习与工作中，虽有困惑苦闷，但信心百倍者总能走过崎岖之路。

人活一世，亲情、友情、爱情三者缺一，已为遗憾；三者缺二，实为可怜；三者皆缺，活而如亡。

人们常说，婚姻是爱情的坟墓。而纯洁的友情是任何东西、任何时候都无法埋葬的。

友情可贵，它如江河，浩荡、宽阔、深厚、活泼，可载生命之舟，可在托载中顺流而下，可歌可泣，铭心刻骨。

友情是一条透明的小溪，可以一见到底。

友情是严冬里的炭火，是酷暑里的浓荫，是湍流中的踏脚石，是雾海中的航标灯。

在友情的词典里，是找不到"自私"和"贪婪"两词的。

真正的友情是一株成长缓慢的植物。

世上唯一无刺的玫瑰，就是友情。

我以真诚呼唤你的真诚，我以友情回答你的信任。

不经风雨，怎知友情的真诚？真诚结成的友谊纽带，风雨不仅摧不断，而且只能使之愈益坚固。

别让时间冲淡友情的酒，也别让距离拉开思念的手。

坦诚的春阳能温暖大地的寒气；真挚的友情会染绿心灵的

荒漠。

喜新厌旧乃人之常情，但人情还有更深邃的一面，便是恋故怀旧。一个人不可能永远年轻，终有一天会发现，人生最值得珍惜的乃是那种历尽沧桑始终不渝的伴侣之情。

朋友和恋人之间的感情和友谊不应掺杂有黄金和股票的成分，她应是人类最美好的情感。她是没有经过污染的山间清澈的溪水，是从橡木桶里溢出来的没有兑水的酒，是高耸云端的山峰，是撞击在礁石上的浪花，是风雪中的松，是花蕊里的蜜……

亲情是一种深度，是一种没有条件、不求回报的阳光沐浴；友情是一种广度，是一种浩荡宏大、可以随时安然栖息的理解堤岸；爱情是一种纯度，是一种神秘无边、可以使歌至忘情泪至潇洒的心灵照耀。

亲情可贵，它如溪流，明澈、晶莹、爽净、潺潺、可掬一捧饮用，可坐听汩汩奔淌，清心怡神，熏灵铸性。

对待家庭，要像太阳一样火热，生命的存在是为了让亲人感到温暖；对待恋人，应如月亮一样坦白，无论圆缺都勇于和盘托出。

　　家是一个储蓄罐，一家人在富足的时候储蓄，在贫寒的时候支取，投入取出的不是金币，而是比金币更璀璨的爱情。有了这个小容器，相爱的一家人永远不会困顿、不会窘迫、不会潦倒。

六、希望之光

希望是生命的灵魂，心灵的灯塔，成功的向导。

希望是人类的粮食，没有希望，人类就会饥饿而死。

希望是人生的钟摆，须臾停止不得。

希望是人生的花朵，只要它不开在梦中，迟早会结果。

希望是清醒着的人的梦。

希望是忽明忽暗的星星，请不要怀疑它的存在，关键在于你是否有拨云播雾的本领。

希望是一个火种，能点燃人生的七彩之夏，也能予失落和飘零以启迪和鼓舞。只要希望之光常驻心头，你将会从贫乏走向富有，从幼稚走向成熟。

希望是心中的一盏明灯。

希望是忧愁的最佳音乐，自信是成功的第一秘诀。

希望是失败者东山再起的本钱。

希望就像太阳，当人们向着它行进时，其负担的阴影便抛在身后了。

希望就如那青青远山，只要你不停地朝它走，定能领略到一座座壮美的峰峦。

希望好比人生的种子，它会开花、结果。但是，丰年果实累累，贫年颗粒无收。

希望可以净化一个人的灵魂，使你倍增生活的信心。可是，如果你仅仅只靠希望而不付诸行动，那么，你的事业永远只能是一座海市蜃楼。

希望会使生命更多彩多姿。

希望对身处逆境的人来说是一帖强心剂。

希望在弱者额头织网，在强者心头发光；寄希望于命运，就像寄希望于流云。

希望总是和失望联姻，比之于太阳东升西落、热夏与冷冬。沉溺希望的人和守株待兔的樵夫没有两样。希望只有和勤奋、机遇做伴，才能如虎添翼。

希望一夜致富的人，最后都难逃失败的命运。

希望的太阳升起，迷惘的愁云就退却。

希望的破灭，伴随着痛苦；然而，在创痛中，又孕育着新的希望。

希望的内在是目标，希望的外向是热情，希望的左手是现实，希望的右手是劳动。

心里总得有希望。没有希望的心田，是寸草不生的荒地。

寄希望于未来而不寄希望于现在的人，将永远没有"希望"。

富有憧憬，才有不灭的希望之火；勇于举足，才有延伸的脚下之路。

083

在茫然模糊的时候，希望是唯一的北斗星。

再长的路都有尽头，千万不要回头；再沮丧的心都有希望，千万不要绝望。

失望是极短暂的，而希望却是永恒的。一个人，不要为一时的失望付出太多的沮丧，要相信人生旅途还有更多的希望。

月亮落下了，你还有太阳；青春落下了，你还有金秋；征帆落下了，你还有双桨；果实落下了，你还有种子；昨天落下了，你还有今天；现实落下了，你还有希望……

海市蜃楼的景色虽然美丽，终究是一场虚幻；拼搏奋斗的道路虽然坎坷，毕竟充满了希望。

用无知编成的箩筐，盛不住多彩多姿的希望。

风流在于奋飞，人生犹如冲浪。浑浑噩噩者，难得浪涌的欢乐；半途而废者，何见希望的光芒！

愉快地点燃生命的蜡烛吧，不必为已经失去的叹息，也不要为尚未得到的担忧，只要心中充满希望，光明会永远属于你。

坚持和时间赛跑，你就有希望胜利。

有人想走上美丽的彩虹桥，那他的希望只是瞬间的存在。只有踏踏实实地走自己的路，展现在眼前的希望就是永恒的目标。

清除掉悲伤的瓦砾，清除掉绝望的断墙，用希望再建起一幢崭新的大厦。

生活有时并不公正，然而，希望的大门对每个人总是敞开着。

　　不要怨恨希望难以实现，还是让它在心中孕育得久一些吧，因为只有那难以实现却又难以放弃的希望，才值得你去不懈地追求。

　　不要忘了留一些种子，假如连种子也吃光了，就没有希望了。

　　不是希望造就了人类，而是人类创造了希望。

　　心中有希望，明天会更好。

　　在荆棘满布的人生旅途中，希望是让我们有勇气继续走下去的原动力。

　　难以实现的希望，最后会令人大失所望。

人一旦失去希望，就是堕落的开始。

　　人只要一息尚存，就有希望。

人带着希望来到世界，也应该带着满足离开世界。

人在生活中离不开希望，即使是渺茫的希望，也能给人以信心和力量。

人类最可贵的财富是希望，有希望，便有光明。

人类科技文明的突飞猛进，大都源于对未来抱有无限的希望。

人生不能没有希望，所有的人都生活在希望之中。只有睿智之光与时俱增，终生怀有希望的人，才会成为人生的胜利者。

人生活在希望中，旧的希望实现了或冥灭了，新的希望随之燃烧起来。如果一个人没有了希望，他的生命实际上也就停止了。

人生没有希望，生命也就失去了意义。

如果你想拥有一个快乐的人生，你必须以无比的信心及希望，克服多疑及绝望的心态。

如果希望是个好老师，失望就是个坏朋友了。

太早失去希望的人，将会失去一切；从未放弃机会的人，最后都是大赢家。

心中存有无穷希望，胜过拥有万贯家财。

对远景要充满希望，但不要乐极生悲。

对未来不抱任何希望的人，仿佛活在人间地狱。

光有希望而不采取任何行动，希望就会变成失望。

把希望仅仅寄托在机遇上，收回的有可能是失望；而把希望寄托在自己的努力上，获取的则是令人欣喜的硕果。

只有希望而没有行动的人，只能靠梦想来收获所得。

谁把希望变成欲望，谁就把自己推上了绞刑架。

时常变换希望的人，希望也会捉弄他。

只要你把希望汇入春风，你就能播下成功的种子；只要你把希望融进汗水，你就能收获成功的果实。

人常常希望什么呢？希望别人都品格高尚。轮到别人希望自己的时候又该怎么办呢？

为什么烈日下劳作的农夫并不感到劳累？因为他们看到了收获的希望。为什么节衣缩食、含辛茹苦的父母心中仍然充满欢乐？因为他们想起了孩子的笑脸。所谓的苦中有乐，就是躯体的痛苦和心灵的欢乐相互交织。

七、惜时锦言

时间是匹快马，就看你能否握住缰绳。

时间是永恒之光，在它的照耀下，我们一天又一天踏上新的生命之旅。

时间是生命之舵。只有勤勉有为的舵手，才能驾驶生命之舟，抵达目的地。

时间是一杆公正的天平：它给辛勤的耕耘者回报财富，它给安逸的懒惰人偿以贫穷；它给珍惜年华者灿烂青春，它给虚度光阴人一头白发。

时间是一架最精确的天平：你珍惜分分秒秒，砝码就会加重；你浪费时间，砝码就要减轻；你虚度光阴，重量就等于零。

时间是多才多艺的表演者：它能飞驰着大步向前，也能消失得无影无踪；它能治愈一切创伤，也能揭露事实真相。

时间是一匹永不停蹄的烈马：你只有狠狠地抓紧它的鬃毛，才不会从马背上摔下；如果你稍一放松，它就把你丢下，奔跑得无影无踪。

时间是一块最残酷的磨刀石，可它却无力磨掉人们心头的爱情之痕。

时间是世界上一切成就的土壤。时间给空想者痛苦，给创造者幸福。抢一抢，时间是通向奋发有为的桥梁；等一等，时间是走上一事无成的绝径。

时间是矫正谬误与偏见的圣哲，是考验真理与爱情的试金石。

时间犹如金钱，你越会用它越知道它的价值。

时间似恋人，你如不珍惜，就会被她无情地抛弃。

时间是无情的，它使昨日依稀，面影朦胧，它把黑发染成白头；时间又是有情的，它不会湮没一切，它把人生的美景化作永恒的回忆。

时间是无情的，它不以人们意志为转移地一分一秒地飞逝而去。但它却又像一根弹簧，对于用力拉它的人，可以延长一倍、两倍以至许多倍，使你在一段时间内，创造出更多的生命价值；对于不用力拉它的人，它就缩得很短，转瞬即逝。因而，那些浪费时间的人，实际上正无异于减缩自己的生命。

时间是公平的，它童叟无欺。可是，劳动的人能叫时间给他留下一串串丰收的果实；而懒惰者，时间留给他的只能是一头白发，两手空空。

时间是可以创造的，那就是勤奋。与其暮年礼赞人生，何不奋斗推迟暮年。

时间的金贵之处在于稍纵即逝。青年朋友，为了你未来美好的回忆，不要虚掷大好光阴。记住昨天，把握今天，拥有明天。

时间抓得起来是金子，抓不住就是流水。

时间有限还是无限，要看对什么人。

时间在痛苦的期待中变慢，在纵情的欢娱中变快。由于时间就等于是我们生命的搏动，纵情的欢娱实际上就等于缩短自己的生命。

时间给我们各人以相等的条件，也用并无二致的标准尺码来衡量我们的劳动，结果却可以得出给予懒汉和勤快两种人的截然不同的两种结果。看来关键只在于我们如何掌握时间给予我们的条件。是驾驭和利用这些条件；还是蹉跎岁月，听天由命？

时间顺流而下，生活逆水行舟。

时间，你珍爱它，它会给你十倍的幸福；你浪费它，它会给你百倍的痛苦。时间，对每个人都那样多情，又那样严酷。

时间，你不开拓它，它就悄悄长出青苔，爬上你生命的庭

院，把你一生掩埋。

时间，给孜孜不倦的勤奋者准备着春光明媚的园地，那里有生命的碧水，青春的彩虹，有艺术的千条柳丝，科学的万树桃李……

时间一去不复返：当你正为碌碌无为而感叹时，时间随你的感叹消逝；当你为成功而陶醉时，时间又随醉意消逝；当你不切实际地幻想时，时间又随遐思消逝；当你徘徊在人生的十字路口时，时间又随蹉跎的脚步消逝；当你和情人嬉戏时，时间便又随落花流水消逝。勤奋的人，把时间看得无比珍贵，在别人"玩一会儿"、"聊一会儿"的时候，已经沿着成功的阶梯又攀上了一级。

时间日复一日，年复一年。在它的史册上，有的人用鲜红的颜色书写绚丽的篇章；有的人却留下几丝无益的白发，几声后悔莫及的感叹。

时间对人一视同仁，每年给每人都是 365 天，谁对它分秒必争，它对谁就慷慨赠予；谁对它挥霍浪费，它对谁就小气吝啬。

时间可以使刀生锈，使剑折断。而智者创造的一切，却能经得起岁月的磨炼。

时间像波浪的曲线，终会爬上每个人的额头，勤奋的人得到的将是珍珠，懒惰的人得到的只是沙砾。

时间，像一条永不停息的大河，不知疲倦地、无声无息地永远流着。它给勤劳的人以智慧和力量，也把空白和悔恨留给懒汉。

时间就是生命。谁真正懂得生命的宝贵，谁就真正懂得时间的价值。浪费时间的人，实际上是在缩短自己的生命。

时间给予人金子般的年华，人应让时间像金子般地闪光。

时间的浪费是一切浪费中最奢侈、最昂贵的浪费。抓住现实中的一分一秒，胜过想象中的一月一年。

时间的汁水就像甘蔗的汁水，必须加倍努力才能榨尽。对人生吝啬一点，不是什么不名誉的事情。

时间不是金钱，不是任何可以失而复得的物质。你一旦把

它轻易失去，它就永远同你无情分别。最可怕的是：它离开你时，还从你身上窃去最珍贵的财产——青春和生命！

时间最不偏私，给任何人一天都是 24 小时；时间又最偏私，给任何人一天都不是 24 小时。

时间充裕的人，往往不珍惜光阴；时间不够用的人，却在争分夺秒。

对时间的科学管理要诀在于：该耗时间时一掷千金，不该耗时间时一毛不拔。

对时间要吝啬，莫放分分秒秒；对知识要贪心，应争取点点滴滴。

让时间在知识的枝条上、智慧的绿叶上、成熟的果实上留下它勤奋的印记。

珍惜时间，就要珍惜今天。因为昨天已经逝去，明天尚未到来。虚度今天，就是毁灭昔日的成果，葬送来日的前途。

珍惜时间，就是延长寿命。要充分利用时间，让心脏的每一次跳动，都像战鼓一下，激励自己为振兴中华而忘我奋斗。

珍惜今天，今天的魅力就在于它只有一次。

珍惜一寸光阴，犹如埋下一颗良种。待到绿满大地，硕果累累时，你会感谢时光老人没有亏待你。

珍惜时间的人一生辉煌，他却说岁月之轮转得太快太快，恨自己没有抓住时间的手；浪费时间人碌碌无为，他却嫌时间之水流得太慢太慢。

如果你珍惜每一个瞬间，每一个瞬间也就成了永恒。

有人说时间是稀有的资源，然而我说它是蔓延的青苔——如果你不开拓，它就急切地缠绕并掩埋你的一生。

有人说时间是金色的溪流，然而我说它是狂泻的洪水——如果你不拼搏，它就骄横地将你卷进悲剧的漩涡。

有人说时间是能力的地盘，然而我说它是战场的高地——如果你不抢占，它就无情地把你置于被动挨打的境地。

有人说时间是热情的港湾，然而我说它是准时的航船——如果你不紧步，它就冷漠地把你留在岸边望洋兴叹。

有人说时间是善良的朋友，然而我说它是苛刻的考官——

如果你不勤奋，它就严厉地使你在人生考场上大丢其险。

有人说时间是宝贵的财富，然而我说它是慢性的麻药——如果你不当心，它就默默地把你的理想侵蚀殆尽。

有人说时间是驯服的猎物，然而我说它是隐形的窃贼——如果你不防范，它就凶狠地窃去你最珍贵的财产：青春和生命。

谁对于时间越吝啬，时间对谁越慷慨。要时间不辜负你，首先你要不辜负时间。放弃时间的人，时间也放弃他。

世界上的一切物质无不是在时间的魔掌中生存！时代的更替、人事的兴废、生命的萌动、青春的激情，无不在时间的注视下形成！时间催促沧桑的巨变，时间扬起未来的风帆，时间是青春的黄金海岸，时间是人类生命的航船。

有句名言：时间就是金钱。然而，长寿者未必富有，短命者未必贫穷。

我们能够挽留住朋友，却不能够挽留住时间。既然时间如滚滚东流的江水不可挽留，那么最好的选择就是乘上船儿和时间一起走。

即使你一无所有，只要拥有时间就够了，时间能够创造一切。因此，只要拥有时间，无论身陷怎样的逆境，你都不必悲观。

只有真正懂得时间价值的人，才有可能得到时间奉献的果实。

作为求知者，应当抓紧点滴时间去吸取智慧的琼浆。须知，那些在春天里不知道耕耘的人，到了秋天，手中只会有一片枯叶。

急速流逝的时间，一去不返的时间，是人最宝贵的财富。如果把它虚度，那是最大的挥霍。

腕上纵然戴着华贵的金表，但以此还不能证明你拥有时间。只有在奋斗中分秒必争，时间才会成为你的宝贵财富。

除了聪明没有别的财产的人，时间是唯一的资本。

请接受这最宝贵的礼物——时间吧！它会使你变得更聪明、更美好、更成熟、更完善。

一年，十二个月；一天，二十四小时。时间并不因人们的好恶而有所长短。但是，对于勤勉的人，却又有所长；对于怠惰的人，却又有所短。古人说："业精于勤荒于嬉，行成于思毁于随"，人人都应铭记心头。

今天，既不平淡，也不平凡，更不简单。如果我们每天砌一堵墙，就能建设一座摩天大厦；如果我们每天行一里路，就能像哥伦布一样环绕地球；如果我们每天撒一粒种子，就能使百花满园，树木成行；如果我们每天都为他人祝福，就能摆脱寂寞和孤独。让我们每天都做一件值得永久记忆的事情吧。

今日事，今日毕，你已经成功了一半。

今日不做，明日可能后悔，坐而言不如起而行。

今天是昨天向往的明天，今天是明天怀恋的昨天，珍爱每一个今天吧！

今天是春，明天是秋；今天是量的积累，明天是质的飞跃。

今天还在等待的人，明天将无望丰收。

占有今天就是占有生命，热爱生活就是热爱生命。

要注意过好你的今天，因为历史终将成为过去；要认真迎接你的明天，因为未来总会成为现实。

不要等待明天，也不要梦想你是明天的太阳，你只有今天。

紧紧抓住今天的人最有力量，时时吸收和发现真理的人最有学识。

假如你幻想赢得一个美好的、如意的未来，只能从今天做起。

懊悔的人叹息昨日，幻想的人期待明日，实际的人珍惜今日。

明天与今天的区别是，明天更美好，而今天更实在。

失去了一个昨天，尚不至于绝望，毕竟手里还拥有一个实实在在的今天，一定胜似两个明天。

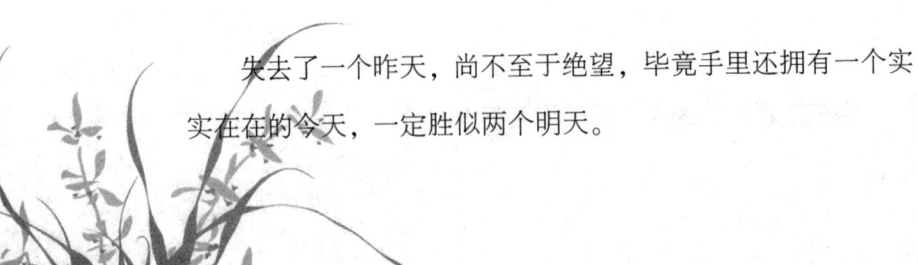

只想着明天的人，永远不会从今天做起。

昨天是历史，明天是希望，只有今天才是最好的时光。

不仅要寄希望于明天，更重要的是把握住今天。唯有在今天奋发努力的人，才能迎来一个灿烂的明天。

昨天是今天的种子，今天是培育明天的泥土，明天则是未来的花朵。

我们总是去想象、去希望未来，却往往忽略了今天就是"昨天的未来"这一事实。

有的人只纵情于昨天，因为昨天有他辉煌的瞬间；有的人总放眼于明天，以为明天才是他成功的起点。然而一个个今天却从脚下悄悄溜走，殊不知，今天正是明天的昨天，昨天的明天。

不要把昨天的成功当作今天的骄傲，也不要把今天的失败当作明天的耻辱。抓住每一个"今天"，你也就抓住了一生；为了一个个"今天"而快乐，你也就有了快乐的一生。

幻想中的明天固然可爱，现实中的今天更应该珍惜。如果你寄希望于未来，就应该奋斗于目前。

不满足昨天的成绩，不放弃今天的努力，不停止明天的追求。

你在一生中，可以有所作为的时候只有一次，那就是现在。然而，许多人却在悔恨过去或担忧未来之中浪费了大好时光。

埋怨昨天时，今天失去了；埋怨命运时，斗志萎缩了；埋怨生活时，信念凋谢了。

过去已成为历史，懊悔也无法觅回；未来应努力探求，等待会坐失良机。抓紧今天吧，让每一秒钟都熠熠生辉。

人的一生离不开去年、今年和明年。去年已经过去，明年尚未到来，今年刚刚开始。切勿追悔去年，幻想明年，而应该集中精力牢牢地掌握好今年。

对于攀登高峰的勇士，日历是一张奖状；对于虚掷时光的懒汉，日历是一篇檄文。

日历，你好似一叠考卷摆在我们面前，每一张都在严肃地提问：日月应当如何度过？你又如一座阶梯竖在我们跟前，每一级都等待着我们登攀。在你的每一页上，我们将用汗水写上两个字——"勤奋"。勤奋地学习，勤奋地工作，勤奋地攻关。你的每一页将成为我们探索科学迷宫的通行证，你的每一页将成为我们奉献祖国的成绩单。

103

时钟，滴答地响着。有人把它作为青春的鸣叫；有人把它当作进军的鼓点；有人把它当作厌烦的噪音。你呢？

我们应该感谢科学家发明了钟，因为每过一小时，它就发出"当"的一声，提示人们要爱惜时间和生命。富有进取精神的人总是积极对待这"当"的一声。每一声，他们都增添了新的活力，每一声，他们都为社会创造了新的成果。而虚度年华的人总是消极对待这"当"的一声。每一声，他们平添了几根白发，每一声，他们增加了几许叹息。

钟表的时针谁都可以把它倒转过来，但世上没有一个人能把昨天叫回来。

　　秒针比分针更勤劳辛苦，但人们平时对它很少注目，只是在争分夺秒的关键，才瞧它一眼。然而，秒针并不因此而放慢脚步。

　　沧海不嫌弃一点一滴，人生不放过一分一秒。

　　人生有一道难题，那就是如何使一寸光阴等于一寸生命。

　　母亲把小生命送到世上，在一瞬间；笋尖刺破冻土，在一瞬间；果子坠落枝头，在一瞬间；滴水终究穿石，也在一瞬间。一瞬间，是长时间孕育的沉默的欣然爆响。失去了瞬间，便失去了长时间，失去了奇迹的创造。

　　准时的列车，不会迁就姗姗来迟的旅客；时代的巨轮，不会等待虚度年华的浪子。

　　黄昏的时候，常有人望着残阳深深地叹息，甚至为已失去的时光流着忏悔的泪；然而最好莫过于抹去泪水，准备迎接那即将到来的黎明。

　　在时间的海洋里，勤奋者一路顺风，懒惰者处处触礁。

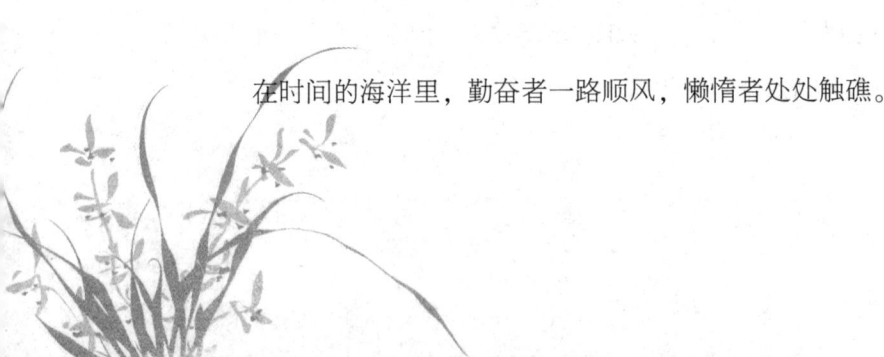

懒汉可以不撕日历，但不能留住时间。

不要让生命供时间玩赏，而要让生命牢牢地掌握住时间。

不论做什么事情，在时间的选择上都有一个最佳点：把本应昨天做的事情放到今天来做，叫做失时；把应该明天做的事情放到今天来做，叫做失察。失时的结果往往是坐失良机；失察的结果常常是欲速则不达。

105

取得成功需要时间，而要成为一个成功的人则需要更长的时间。

对于生命来说，时间是最无情的；对于历史来说，时间是最有情的。

对于个人的悲哀来说，时间恰似高明的医生；对于民族的创伤而言，时间倒像个庸医。

以历史为镜照一代人，以时间为镜照一个人。一刻是一天的缩影，一天是一生的缩影。

不必患得患失，时间是公正的，你得到的是你应有的一

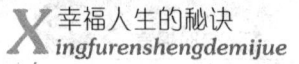

份，你失去的是你不应有的一份。

如果我们用年龄来宽恕自己，但时间却不会宽恕年龄。

娱乐要适度，过度的娱乐无异于赌博，虽然没有输金钱，但输了比金钱更宝贵的时间。

与其为无为的昨天叹息，倒不如为有为的今天拼搏。

理想的宏图固然可以描绘在明日的巨幅之上，但为实现理想而努力奋斗的步伐必须从今天迈起。

勤奋的人在今日就开始迈出走向明天的步伐，而怠惰者在今天还摆脱不开昨日的梦境。

愚蠢的人总是为昨天悔恨，为明天祈祷，可惜的是少了今天的努力。

懒汉永远最恨昨天，最盼明天，因为他一直未见过今天。

昨天是一张作废的支票，明天是一种不能取用的存款，今天却是摆在你面前的现金。抓紧使用它——今天！

钟表只求今天和昨天、明天一样，人却追求今天超过昨天，明天超过今天。

时针像一把剪刀，张开、合上、又张开……时针的剪刀剪掉懒惰人美好的青春，剪出勤奋者金色的明天。

悲叹昨天，不如赞美今天；沉醉今天，不如高歌明天！

一个人越知道时间的价值就越倍感失去时间的痛苦。

一味追悔或留恋昨天会使你失去今天，而牢牢把握今天会有希望拥抱明天。

生命有尽，学问无边，不许一日闲过。

大自然的春天逝去，明年会再来；人生的春天，一去不复返。

心安理得地轻视一分钟的人，很可能在不知不觉中白白地放过一小时，浪费一天，葬送一年，乃至虚度一生，一事无

成。

最好不要在夕阳西下时再幻想什么，而要在旭日东升时就投入工作。

别为逝去的朝阳哭泣，而错过今晚的星空。

如果你仍不懂得珍惜流失的岁月，那么就请你把活着的每一天都当作生命的最后一天，这样你就会深知生命的价值。

不要把岁月编进打水的竹篮，要让每天成为攀登事业高峰的阶梯。

谁能以深刻的内容充实每个瞬间，谁就是在无限延长自己的生命。

姗姗来迟的旅客，坐不上准时的列车；虚度年华的浪子，赶不上时代的巨轮。

信奉"来日方长"者，人生越来越短；恪守"知足常乐"者，人生越过越穷。

人似乎不能太忙碌，太忙碌了，便会觉得时光短暂得可怕。人似乎也不能太悠闲，太悠闲了，便会觉得光阴漫长得无聊。

朋友，青春是你的财富，生命是你的权利，但这些并不是人人都拥有的。我们只能年轻一回，我们只拥有一次生命。朋友，珍惜吧，珍惜你生活中的每一分，每一秒，让每一天都过得充实，让每一天都涂抹上瑰丽的色彩。当我们年老时可以自豪地对自己说：青春无悔，生命无憾。朋友，让我们拉起手来，让你我同行。

八、智山览胜

知识是引导人生到光明与真实境界的灯烛。

知识是撬开愚昧之门的伟大杠杆。

知识是头上的花环，财产是颈上的锁链。

知识是升天的羽翼，是恐惧的解毒药，人的自主权深藏于知识之中。

知识是积累起来的，经验也是积累起来的，我们对什么事都不应该象过眼烟云。

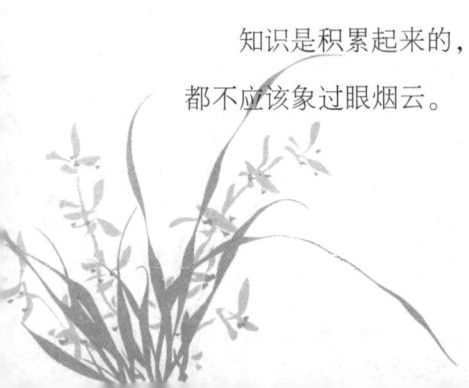

知识就像散着的明珠，只有勤奋这条线，才能把它串起来，日积月累，越串越长。

知识好比大海。肯下海底遨游的人，能得到瑰丽的珊瑚；在水面游荡的人，只能在海边拾到小小的贝壳。

知识好似沙下泉，掘得越深水越清。

111

知识犹如人体的血液一样宝贵。

知识宛如泉水，只有饥渴的人，才会感到它的甘甜；时间犹如沃土，给勤奋者以绿洲，给懒汉以荒漠。

知识不是米粒，而是种子。我们不应该把它封存于个人的仓库里，而应该将它撒播于人民事业的原野上，让它以花果的香艳装扮祖国的繁荣。

知识不是地皮上的积水，举手可得，而是深藏于厚土和坚石之下的清泉，只有勇于钻探的人，才能尝到它的甘美。

知识能使人站在更高一层俯视事物。

知识的汲取同精力的付出成正比。

知识的积累和科学的建树，不是短距离的冲刺，它是信心、决心和恒心的合金，需要无限耐力的长跑。

知识的山峰越往上攀，展现在眼前的景色就越壮丽。然而，只有肯用毅力和韧性作垫脚石的人，才能不断登高。

知识无价宝，读书乐无穷。

知识可以填补外表的缺陷，美貌却永远无法填补知识的缺陷。

太阳照亮世界，知识照亮人心。

用知识充实自己，可使人生欢乐；靠清逸消磨时光，会使人生痛苦。

获得知识的大敌是骄傲自满；领会知识的大敌是囫囵吞枣。

拥有知识是人生的最大快乐。但真正的快乐并不在于已经拥有了多少知识，而在于对知识忘我的追求和拼搏。

拥有知识是一种快乐，而好奇则是知识的萌芽。

没有知识，犹如没有庄稼的田地，虽然有蓬勃的生命力，收获的却只有荒芜。

没有知识的人，总爱议论别人的无知，博学多才的人，喜欢谈论自己的不足。

没有比疾病这个敌人更可怕的，没有比知识这个朋友更可贵的。

历史的长河没有尽头，知识的海洋没有彼岸。

蜂蜜再甜也只能是蜂蜜，黄金再贵也只不过是黄金，而唯有知识才能变成无价之宝。

如果知识远在大洋彼岸，那么谦逊就是你的船，毅力就是你的桨。

骑上了骏马，草原会变得更加宽阔；驾驭了知识，理想的

天地才无垠无际。

在现实生活里，应以知识的不断充实为乐；以行为不受邪恶的污染为荣。

在知识老人面前，我们永远领不到"毕业证书"。倘若谁以为已经领到，那只能说明他的知识等于零，因为他连"知识是无穷尽的"这个起码的常识都不懂。

在知识的海洋中游泳，要想到达光明的彼岸，不但要奋力拼搏，还要认准一个目标，坚持始终如一的方向。

面对浩瀚的知识海洋，有的人勇敢张帆，也有的人徘徊岸边。扬帆搏浪的人，捕捞到五光十色的鲜鱼美贝；畏缩不前的人，只好在岸边望洋兴叹！

没有翅膀，再矫健的鸟也不能凌空翱翔；缺乏知识，再美好的理想也只是一句空话。

攀登科学高峰需要绳索，知识就是绳索；打开科学宝库需要钥匙，学习就是钥匙。

小溪底浅，水流的响声极大；大河底深，水流的声音极小。知识浅薄的人往往一叶障目，喊得震天价响；知识渊博的人懂得学无止境，永远勤学谦逊。

只有感受寂寞之苦并锲而不舍地积累知识的人，方能品尝到丰硕成果之甘美。

在求知的道路上，你播下一路空话，收获的将是失望；如洒下一路汗水，换取的将是喜悦。

氧气吸不尽，海水舀不干，知识学不完。在学问的"词典"里，永远找不到"毕业"这个词。

抛开昨日的烦恼，告别往昔的忧伤，懂得了真正的可悲在于知识的浅薄，让勤奋与智慧伴你走向辉煌。

幻梦是美丽的，幻想是绚烂的，然而，智者总是立足于现实，并且一步一步地踏平崎岖之路，逐步攀登知识的高峰。

世界上任何财富都可能会失去，唯有知识是夺不走的。

在人生的储蓄箱里，真正有价值的财富并不是金钱，而是知识。

蜜汁并不都是在名花奇葩之中吮取，蜜蜂对无名的野花也一样亲近；对于渴求知识的人来说，随时随地都可以获得有益的东西。

广博的知识和高洁的品格，是有志者腾飞的双翼。

背得烂熟不等于掌握知识。

雄伟的长城靠一块块砖垒起来，壮观的运河靠一铲铲土挖出来，渊博的知识靠一天天苦读积累起来。

问号是诱惑理想远景的金钩，是伴随人生旅途的拐杖，是启开知识宝库的钥匙，是收割成熟季节的银镰。

吸引力，求知的种子。播下它，在知识的沃土中贪婪地吮吸；

注意力，求知的窗户。打开它，让知识的阳光洒满心田；

意志力，求知的利剑。挥动它，横扫知识宝库道路上的荆棘；

观察力，求知的雷达。开启它，在知识的海洋中捕捉信息；

记忆力，求知的仓库。利用它，撷取和贮存丰富的知识财富；

想象力，求知的翅膀。展开它，在神秘的知识迷宫中翱翔；

思考力，求知的钥匙。掌握它，开启探索求知领域的大门；

概括力，求知的红线。通过它，把知识的珍珠串起来；

模拟力，求知的借鉴。运用它，缩短知识与实践之间的距离；

创造力，知识的升华。具备它，使知识发生质的飞跃。

智慧是穿不被的衣裳，知识是取不尽的宝藏。

智慧比金钱更宝贵，汲取智慧比借钱更有益。

智慧和才能，有一个十分奇特的属性：你越用它，它越富有；你不用它，它就贫瘠。

智慧高的人从生活中吸取种种养分，保持自己的纯正；智慧低的人从生活中吸收种种毒素，使自己的内心和面貌越发变丑。

智慧之树结文明的甜果，无知的蔓结愚昧的苦瓜。

智慧之花如果不嫁接到事业之树上，它就结不出硕果。

倘若智慧与懒惰为邻，那它就变成了愚蠢。

当智慧骄傲到不肯哭泣，庄严到不肯欢笑，自满到不肯看人的时候，就不成其为智慧了。

与智慧结合的幻想，是艺术之母和奇迹之源。

勒紧智慧的缰绳，在知识的原野上驰骋；扬起心灵的风帆，在探索的长河中奋进。

发光的不只有珠宝，还有心灵深处的智慧。

美貌如花易谢，智慧亘古常留，珍惜美貌不如充实智慧。

缺乏勇敢的智慧战胜不了愚蠢，因为它本身也是一种愚蠢。

在才能和智慧不相上下的人群中，你拥有更高的热情，成功便在更大程度上属于你。

愤怒会吹熄智慧的明灯。面对歧视、诬陷或无知，应该显得沉着、镇定和理智。

天然的珍珠，蕴藏在珠贝的心腹中；智慧的珍珠，镶嵌在勤思的头脑里。

汗水只有和智慧连在一起，才会获得最好的效益。

灵感如果被理智操纵，是智慧；如果被情绪驾驭，是不幸。

别把知识同智慧混淆，知识有益于你的日常生活，而智慧能帮你创造人生。

智者的追求是站在地平线上，既能看到日出朝霞，又能看到日落黄昏。

书，默默地躺在那儿，她永远也不会说话，但她比你那说尽人间甜言蜜语的情人还要忠贞，还要深深地爱着你，随时都等着你的拥抱，随时都准备献身于你。

书是音符，语言才是歌。

书是精神食粮，音乐是心灵甘露。二者兼得可使人生更加瑰丽。

书籍犹如砥砺，可以磨掉愚昧之锈；知识犹如泥土，可以育出智慧之苗。

书籍是航行在时代波涛中的思想之舟，它把历史珍藏送给一代又一代人。

书本对于那些懒惰的人是一堆废纸；对虚荣的人是装潢摆设；对于勤奋的人才是无价之宝。

一本新书象一艘船，带领我们从狭隘的地方驶向生活的无限广阔的海洋。

一本好书犹如一叶轻舟，它会载着你驶向大河的彼岸；一本好书犹如一个精彩的世界，它会领着你在知识迷宫中不懈地追求；一本好书犹如一方宽厚的沃土，它将在上面生长出人才的参天大树；一本好书犹如一个鲜明的路标，它会将你从失败引向成功的希望源头。

每一本好书，都像一盏奇特的灯，不过它照亮的不是黑夜，而是求知者的心灵。

大脑如果是一所空空的家，那么书就是这个家最好的家具。

我们每个人都有一个永不变心的情人，一份永不消失的财富，一眼永不枯竭的清泉，一支永不熄灭的火炬——那，就是书。

教育家说：书是智慧的钥匙；史学家说：书是进步的阶梯；政治家说：书是时代的生命；经济学家说：书是致富的信息；文学家说：书是人类的粮食；孩子们说：书是医愚的良药；学生们说：书是不开口的老师；迷惘者说：书是心中的启明星；探索者说：书是通向彼岸的船；奋斗者说：书是人生的向导。

热爱书籍吧！它是一切大厦和纪念碑的基石，它是一切栋梁之材的根系。

衡量一个社会是否处在进步之中，可以从社会对书的态度上取得一个标准：如果讨论观念的书变成畅销书；如果书评受到重视，书评家得到尊敬；如果送书成为时兴的礼物，买书成为日常的开支；如果年轻人比关心考试更关心新书，朋友们聚在一起少谈牌经球经，而多读好诗好文；社会上的热门话题不再是凶杀犯罪与离婚打斗，而代之以新观念、新建议；如果人们公认最动人的神情是读书时苦思出神的模样，最自得的一刻是在悟出书理时那会心的一笑。这样就可以得出结论：这个社会确实是在进步，在发展了。

读书就是你轻易地把别人辛苦得来的果实，用以吸收并改善自己。

读书，犹如长征，路正长，关正多。突破一道难关，就会跨往一个新的境界，领略一番新的风光。

读书贵在专心，贵在有恒。改了见异思迁，收了心猿意马，那么就可以耐得寂寞，读好书了。

读书可以广智，当你有时间读书的时候，请不要放弃读书的机会。

读一本好书正如经历了一次愉快的心灵冒险。

光阴给人们以经验，读书给人们以知识。

书读得越多，就会感到越接近世界，也更加觉得生活里有光明，活着更有意义。

123

假如你困于孤寂、陷入烦恼，你就定下心来读书罢，开卷是开凿解脱的通道。

在其他条件相同的前提下，一个多读好书、知识丰富的人，大概更具有客观的态度、博大的胸襟、进取的意识和正确的目标。

点水的蜻蜓，虽然忙得不可开交，它却永远也不会知道江河的深浅；一目十行的读书，虽然读的本数不少，但却永远也不能掌握扎实的知识。

啃书本要像禾苗从泥土中吸取养分那样，为的是给人们奉献黄的金、白的银，不是为自己镀金、镀银。

不读书的人，天和地是狭小的，他充其量只能活一辈子；读书的人，天和地是广阔的，他能活上三辈子：过去、现在和将来。

人生最大的失误莫过于少读书。要超越各种"气候"和"行情"努力读书，当知识被贬低、"知识无用"的世俗观念正在俘虏一些肤浅的心灵时，尤其要努力读书。

模仿舞台上的丑角，欣赏影片中的败类，追求小说中的低级情趣，迷恋手抄本中的淫荡生活，只会给自己带来愚钝，带来耻辱，带来沉沦，带来不幸。

选书要和交友一样谨慎，因为你的习性受书籍的影响不亚于朋友。

买书，要像选择朋友那样谨慎小心；读书，要像吃橄榄那样细细品尝，用书，要像蜜蜂那样酿造蜜糖。

藏书再多，倘若不读，只是一种癖好；读书再多，倘若不用，只能成为空谈。

在学海里泛舟，有一桨相助，你会早日抵达彼岸；在书山上攀登，有一手相牵，你会早日到达顶峰。

书香，是心灵的春天，精神的甘泉，思想的音乐，生命的阳光。在你困窘痛苦时，她给你抚慰；在你困惑迷茫时，她给你清醒；在你孤寂委屈时，她给你呵护；在你无助怯懦时，她给你力量。

人的灵魂，经过书香的滋润和沐浴后，便能健康年轻而充实丰盈，更会兼收并蓄且波澜不惊。

没有书香滋润的心灵是浅陋而蒙昧的，没有精神支撑的生命是孱弱而干瘪的。

学习是天平，要想收获一份知识，就要加一分劳动的砝码。

学习如同走路，我们不能因为道路光滑平坦而趾高气扬，也不能因为满路泥泞而停滞不前，甚至干脆坐在地上不起来。

学习不仅让人产生智慧，更让人懂得欣赏人生。

学习，需要专，也需要博。在博的基础上求专，在专的指导下又求得博，这座宽底的学识金字塔才能高耸入云。

学习，要像蜜蜂酿蜜一样勤奋，在知识的花园中不知疲倦地采集，再采集。

学习不像绣花那样美丽，不如湖水那样平静，它是艰苦的劳动，需要人们一滴一滴汗水浇灌，才能结出丰硕的成果。

学习，不像在湖畔散步那么轻松愉快，也不像骑车下坡那么省力自如，它是一种艰辛异常的劳动。在知识的天平上，心血和脑汁是托起成果的砝码。

学习和独创是一对亲密无间的情侣。科学上每一座"宝岛"的开拓，技术上每一个"迷宫"大门的打开，无不是学习和独创的产儿，学习和独创使科学之树常青。

学习知识要真、巧、苦、活：真而不巧，不能触类旁通；苦而不活，不能举一反三。

学，要像一只钻头，去开掘知识的深井；问，要像一把钥匙，去启开疑团的大门。

　　构成学习上最大障碍的是已知的东西，而不是未知的东西。

　　无知的头脑好像一片荒凉的沙漠，学习就好比在沙漠周围栽树，树长得越多，沙漠就越少。

　　汗水和丰收是忠实伙伴，勤学和知识是一对情侣。

　　打鱼不怕网网空，就怕灰心不撒网；学习不怕脑子笨，就怕偷懒不用功。

　　金钱上贪得无厌往往会使人成为精神的乞丐；学习上的永不知足常常会使人成为知识的富翁。

　　掌握一门科学很重要的是开拓思维，这需要一个艰辛的积累过程。企图学习效果立竿见影，必然导致杀鸡取卵，急功近利。

一把锋利的刀，如果长久不用，就会生锈；一个聪明的人，如果懒于学习，就会变得愚蠢。

心似平原跑马，易放难收；学如逆水行舟，不进则退。

一个人要实现自己的宏伟目标，在万里征途上需要不断地学习、学习、再学习，不断地充实自己，就像机车需要不断续水、加油、添煤一样。

聪明人的非凡之处就在于他们善于学习。

浅水的鱼虽然好捉，但是又小又少；深水的鱼虽然难捕，但是又大又多。要捕大鱼必须到大海中去。学习也是如此：知识的海洋浩瀚无比，只有钻到大海的深处，才能获取知识的珍珠。

自学是一条艰苦的开拓之路，也是一曲欢乐的成才之歌。

学，要像一只钻头，去开掘知识的深井。

学风四戒：戒满，满则无求；戒骄，骄则无知；戒惰，惰则无进；戒浮，浮则肤浅。

懒于起跳的人，摘不到好果子；畏难怕苦的人，学不到真知识。

暗箭比明枪可怕，无知比贫困可怕。

不要企图无所不知，否则你将一无所知。

以无知为耻的人，必将学会聪明；以无知为荣的人，将要永处愚昧

勇于求知的人决不会空闲无事。

在求知的道路上，可以把别人的脚印作为参考，但如果一味沿着别人的脚印走，则永远辟不出新路来。

学问像一个浩瀚无际的大海：海面，波涛万顷，任你击浪永进；海底，宝藏遍地，随你入水开发。

学问是经验的积累，才能是刻苦的忍耐。

学问是苦根上结出的甜果。

学问是成才的马达，理想是前进的灯塔，思索是知识的窗户，开拓是创新的风帆。

学者犹如海面上的小船，只有劈波斩浪，奋力不懈，才能直达彼岸；心灰意懒，患得患失，任其漂泊，不仅不能前进，还会在风浪中沉沦。学者犹如一名探海的人，徘徊于浅水，其所获不过是小鱼小虾，而敢于入海底，才能得到珍珠海宝。

学而不闻，是无用的鉴赏家；闯而不钻，是无知的鲁莽家；钻而不韧，是怯弱的改良家。学而闯、闯而钻、钻而韧，才是真正有出息的学问家。

凡是你不知道的事都应向人请教，虽然这会有失身份，但学问却会日渐加深。

浅薄的人把学问放在嘴上，渊博的人把学问放在心上。

困难和学问，就像沙子和金子掺杂在一起。金子要从沙里淘，学问要向难中求。丢掉沙子，也就丢掉了金子；害怕困难，也就找不到真理。

滴水可以穿石，靠的是专注不移；聚沙得以成塔，凭的是日积月累。要想构筑知识的大厦，必须持之以恒，始终如一。

滴水穿石，不是力量大，而是功夫深；成绩优良，不是天资高，而是辛勤学。

我们不能像蚂蚁，只知收集；也不能像蜘蛛，只知从自己腹中抽丝。而应像蜜蜂，既采集，又整理，这样才能酿出香甜的蜂蜜来。

求知者就像农夫，不停地拓荒、施肥、播种、除草。……然后才能收获丰硕的果。

蚂蚁时刻忙碌，搬运、集积食物，专供自己消费；蜜蜂终日勤劳，采集花蜜，酿蜜贻人甘饴。有志的学者不能效仿蚂蚁：只是搜集，堆砌材料，自娱自赏；应该学习蜜蜂：化自己的辛苦为人间的甜蜜，不断创造科学的精神财富。

平行的太阳光线未经凸透镜聚焦，不能点燃一根火柴；平均使用力量地泛览众多书刊，难以荟萃精华。只有聚精会神于产生高热量的"焦点"上，才能让攻书之战时时迸发出胜利的火花。

一个人十分聪明，但如果毫无感情，他就可能成为一个十恶不赦的罪犯；一个人情感丰富，但如果没有智力，他结果就是一个与人无害的白痴。

九、读书偶得

如果你不能成为大道，那就当一条小路；如果你不能成为太阳，那就当一颗星星。决定成败的不是你尺寸的大小——而在做一个最好的你！

没有幻想，没有期望，如同鸟儿被捆住了翅膀；过多的幻想，过高的期望，又常常使人迷惘，像鸟儿不知飞向何方。

事业之歌只能在理想远大、勤奋学习、顽强工作中谱写；创造之曲只能在信仰坚定、艰苦思索、永不自满中完成。

夸夸其谈是软弱无知的首要标志，而那些能够做出大事的人常常守口如瓶。

不要和那些斤斤计较的人交朋友，因为他从决定和你打交道的那一刻起，就已经把你当成算盘珠拨拉了。

不要接受重重顾虑的摧残，不要在祈祷和忏悔声中熄灭自己的天性之火。人应该是一个不断地发现自己和有自己的发现、始终向着未来奔进的灵长。

133

当你拼命要完成一件事情的时候，你就不再是旁人的敌手，或是说得再准确些，旁人不再是你的敌手了。

追寻的成功与否并不十分重要，十分重要的是追寻的过程就是增强生命主体实力的过程。

没有最初失败的教训，便不会有现在胜利的喜悦。

有作为的人绝对不是一帆风顺的，他要吞食许多酸甜苦辣，才能体会出人生的调味方法。

长途跋涉会让你觉得前进的艰辛，而不懈追求才使你变得更加充实和完美。

怕吃苦的人，苦果在前面等他；不畏难的人，成功在前面等他。

我们之所以忧虑重重，是因为我们还没有看遍人生的风景；我们之所以患得患失，是因为我们的目光尚不够高远。

忧虑是生命最阴暗的锈斑，我们与其在低矮的屋檐下瞻前顾后，忧虑重重，不如大胆地走向未来，走进我们生活崭新的起点。

忧虑只不过是一个摆放在你面前的一个大大的氢气球，在你面对它时，只觉得它老大老大，当你使出些力气，坚定地碰一碰时，它就会破碎或渐渐地飘远。

我们常常忧虑明天，可是今天不就是我们昨天所忧虑的明天吗？一生之中我们需要度过无数个明天，若是人人忧虑明天，那么，我们一生中就只会有悲观，不会有快乐。

高考是学生时代的一道未知数题，成败得失答案不在今天。今天的成功不等于明天成功，今天的失败更不意味着永久失败。

如果说命运是把斧头，那么人生观就是双手。斧头钝了还可以耐心地磨，但双手一软，再锋利的斧头也挥不出它应有的气势来。

物质上的极端奢侈和精神上的极端匮乏，在一些人身上往往惊人的相等，这是这些人的可悲所在。

真正理解了生活的人，并不把个人的不幸、悲哀、痛苦当作旗帜高高举起，而应在为大多数人的幸福奋斗中体验幸福，不被个人的痛苦所压倒。

欣赏是一种艺术品味，你喜欢哪一个层次，说明你的格调与内涵。

思想要冲破传统观念的樊笼，不仅需要知识，尤其需要勇气和胆略。

灰心生失望，失望生动摇，动摇生失败。要与灰心告别，与信心结为知己。

从一个人的办事能力，一天便可能看出他的学问高低，但他心中的善恶决不可妄加猜测，因为这要经过长久的岁月，才能见出他内心的优劣。

如果因为群花没有按照自己的意愿结果，没有按照自己的尺寸生长就伤心顿足，那你应该寻求心理医生的帮助了。

成绩的花圃里，总会生长些诽谤的野草，薅掉它，却可以当肥料。

玫瑰不因久开才引人注目，人也不因喋喋不休才具魅力。与人交往，贵在得体，虽寥寥数语，也胜唠叨万千。

举起来——让青春在锤头上闪光；砸下去——让壮志在生活的铁砧上激荡。

只要我们年轻，犯错误乃在情理之中，不犯错误那是天使的梦想，但我们不可原谅的事情，是将自己的错误延续到自己的暮年。

以"人生观"为主题的演讲，你可以不必去听，除非你知道演讲者怎样对待他的妻子、儿女、邻居、朋友、下属和敌人。

平凡不等于平庸，而伟大也不是伟人的"专利"。平凡的人只要为社会、为人类创造出不平凡的业绩，就堪称伟大。

对待你喜欢的异性，以一颗平静的心，则像温泉一样具有吸引力；若以一颗炎热的心，像沸水一样，使对方产生担心被烫之感，则避之犹恐不及。

他和你一个人谈话像在和千百个人谈话一样，那你最好保持沉默——为了他的尊严，也为了你的尊严。

虚假的、浅薄的尊严犹如"皇帝的新衣"，自己得意非凡的时候，人们却正在心里嘲笑。

世界上的事情永远不是绝对的，结果完全因人而异，苦难对于天才是块垫脚石，对能干的人是笔财富，对弱者却是一个万丈深渊。

在世界上，有冰雪，也有冻不住的泉水；有炎阳，也有郁郁葱葱的绿阴。

讲"大道理"是需要资格的。一个勇敢的战士喊一声"跟我来"！可以组织起一场冲锋；而一个从前线溜下来的怕死鬼喊一万声"给我顶住"，怕也不能阻止溃败。

既能面对成功谦逊地说这只属于过去，又能将失败踩在脚下轻松地说一切从零开始，这才是真正的胜利者。

耕耘者的欢乐，不是来自高额的报酬、优厚的待遇、至尊的地位，而是来自于对自己所热爱的事业的追求。

路灯在夜幕降临之际，默默地放射着光华，照耀着行人的脚步；人应如路灯，在需要它的地方发光、放热。

奇迹是霎时出现的。它们不是召唤而来，而是通常在似乎不可能的时刻里，自行降临那些最不期待它们的人身上的。

悠远蜿蜒的纤道时而飘下深深的土坳，时而爬上高高的堤坡，时而穿过嶙峋的乱石。它是不屈的象征，刚毅的楷模。

理想的机遇和美丽的梦一样罕见可贵，都是可遇而不可求的。也许，在意料之外，它又会来到你的身边。

当一个人逐渐取得经验时，却失去了青春，这实在是人生一大憾事。如果不是这样，生活该是多么美好。

我们常常笑别人，其实人家的可笑之处往往在我们身上也能找到，只是我们大都不愿意审视自己、嘲笑自己罢了。

一个人判断力最好的时刻，是他能忘记自己，忘记他可能已经获得的声誉，只集中精神去做正确决定的时候。

有些人不管变得多么衰老却从不失他们的美丽——他们只是将它从脸上移进了心里。

人们并不因电线的外表被风雨剥蚀得深沉、灰暗而冷落它，因为电线的心里流淌着光明、迸发着热情。

人们常觉得准备阶段是在浪费时间，只有当真正机会来临，而自己无把握的时候，才会顿悟，自己平时未作准备才是浪费了时间。

没有一项努力是浪费的，只是它的效果可能在较长的时候或较远的地方才会显现，而且你会得到证明，所付出的努力越多，将来意外发现的成果越丰硕。

在前进时要知道自制，以免只能进而不能退；在后退时要懂得自保，以便退却后能重整旗鼓，继续前行。

立足于为民造福的人，在开拓事业时，不妨将悬浮的心悄然落定，将烦恼忧愁关在门外，将金钱美景抛在脑后。

山脉有崎岖坎坷，海洋有波峰浪谷，人生有艰难险阻，这是自然规律。它让人们懂得：世界上没有平静的海、平坦的山、笔直的路。

平凡并不可悲，可悲的是不能在平凡中去追求、去创造。只要能为人间添一份温暖，只要能对社会有一份奉献，又何须计较是平凡还是伟大？

不要颓废，不要沮丧，不要失望，即使你失去了一切，也还拥有未来。

世间万物都是在竞争中成长与进化的。有竞争，就有压力。有压力，才有动力。只有具备最强的实力，又能忍耐最大压力的人，才能站到巅峰。

叶会飘零，花会凋谢，但根系即使耗尽了生机，停止了运行，仍是一尊爱的雕塑。

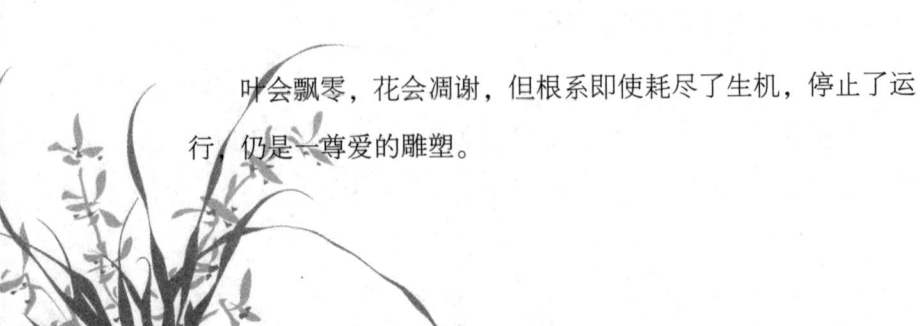

天然的金块叫金子，用"金子般的心"比喻人让人怡然；铸造成钱币的金子叫金币，用"金币般的心"比喻人让人愕然。

在人类历史上，成就伟大事业的，往往不是那些幸福之神的宠儿，却是那些遭遇了诸多不幸的，却能发愤图强，矢志为学的苦孩子。

学做如学步，不必怕出笑话。许多人就是在嘲笑和揶揄声中增快步频、加大步幅并从而取得成功的。

非要找个借口才好去做的事，大多是坏事，至少是不太光彩的事。因为，做好事是不需要借口的。

从没有路的地方走出的路，才是新路。敢于向荆棘丛生处迈出第一步的人，才令人钦佩。

我喜欢春天，因为它是绿色的季节，我喜欢如茵的草坪、婆娑的柳枝和遮阳伞般的荷叶，因为它们都是绿色的生命。

爱大海吧，爱海蕴藏的雄伟与壮丽。海不止是水的总汇，

也是力的聚合。在大海怀抱里，你会从渺小中走出来，走向博大精深。

我不喜欢人生的三种表现：少年时如老年般沉稳；壮年时如少年般幼稚；老年时如壮年般鲁莽。

大地上最诡秘的风景便是那些经络网密交错又各不相同的道路了，或许正因为如此，历史才可以被追溯，世界才每天被创造。

特别漂亮的人是用不着夸耀自己的，喜欢夸耀自己容貌的人往往是那些长得并不那么漂亮的人。

所谓大师，就是这样的人：他们用自己的眼睛去看别人见过的东西，在别人司空见惯的东西里能够发现出美来。

所谓以礼待人，即用你喜欢别人对待你的方式去对待别人。

历史，歌德满怀敬意地称之为"上帝的神秘作坊"，这里的每一分钟都可以创造奇迹，关键是在这里劳作的人们，是不是充满了深沉的爱，充满了心灵的激情和对创造的渴望。

是一棵菜籽还是一棵树种在它来到这个世界之前并不能为自己作出选择，于是，作为小草就有无法成为大树的苦恼，作为大树偶尔也会羡慕小草与大地的亲密。

只是在别人求我时，我才会提供一些建议，即使如此，也是慎之又慎的。因为经验正如旧衣一样，对别人很少是合身的。

143

不要说生活给予你的快乐太少，不要说人生给予你的苦恼太多，只要你把快乐和苦恼当作花开花落，舒展开眉头，微笑着去面对生活，再黑再长的夜也会被晨曦突破，再痛苦的日子再无奈的岁月也会被时间碾过。

呼吁世间多一点纯洁、多一点爱心，这无疑是对的，但刚刚步入社会的青年人应牢记：千万不要太幼稚、太天真。

到大自然中去吧，邀请风吹醒你的神，邀请雨洗净你的眼，邀请雷为你壮胆，邀请电驱走黑暗。

有些时候语言仅是一种类似浮萍的东西，飘在心灵的水面，它不仅无法为我们提供池塘的深度，而且阻碍着我们看清

池塘的深处。

下棋的赢家宽容谦雅，输者恭谦好学，共酿斯文之气，则双方都会愉快。学问之道、人际关系亦如此。

敢死，固然精神可贵；敢活，有时比敢死更可贵。

死无疑是痛苦的，然而还有比死更痛苦的事，那就是等死。

官能给民一个明白，民就能给官一个清白。做清官就这么简单。

良医有两种：一种是自己能够把病人治好；一种是知道自己治不好而把病人推荐给治得好的医生。

物质、精神、创造三者相互交融、相互渗透，这是生活发展的内在逻辑，这是人类得以延续、历史得以发展、社会得以前进的内在动力。

不必在每一次一时一事的角逐中夺魁，但却必须在每一次一时一事的人格和尊严上取胜。

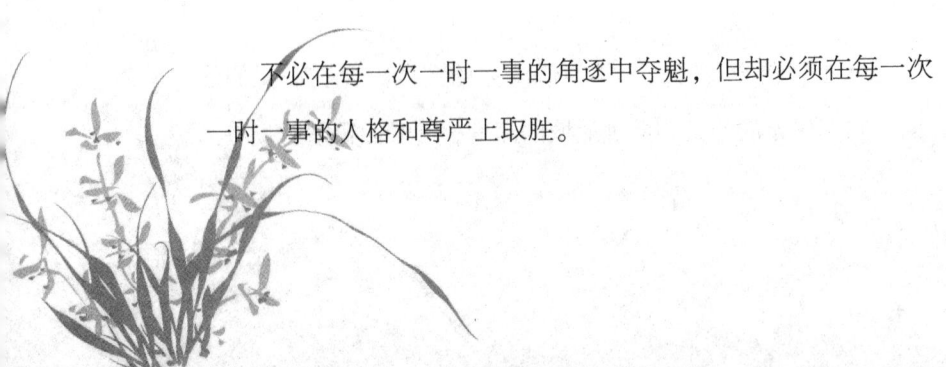

"唯有埋头，乃能出头"。急于出人头地的话，除了自寻苦恼之外，不会真正得到什么。像一粒种子，你要想长大，就必须先要经过在泥土中挣扎的过程。

常常伸出你的手，主动地、真诚地、紧紧地握住另一双手吧；不要总在等待着别人来拥抱你。

奉承、拍马是杀人不见血的刺刀。当你发现自己已经身受其害时，奉承者、拍马者却在沾沾自喜，因为他正骑在马上摇曳着胜利的旗帜。

温馨是初春河上飘过的第一丛草垒；是暮晚天际掠过的飞鸿；是月光如水漫浸的庭院；是满坡黄花间衣袖盈风的少女笑靥；是令你怦然心动的温暖与温柔。

人们常说幻想属于孩子，回忆属于老人。朋友，如果你风华正茂，请不要钟情于昨天，钟情于回忆，把你的目光更多地投向明天与未来吧，永远不停地向前。

如果每个日子我们都在留心对方的存在，都在检点自己的责任，检阅自己的情感，那么未来的回忆中，心中的爱恋会增

进更多的新意。

人类的记忆是奇特的，许多轰轰烈烈的大事没有留下记忆，许多平平淡淡的小事却让人无法忘怀。会忘记的总会忘记，纵然写在纸上，刻在石上，也不会留在心上；不会忘记的终究不会忘记，即使从不提起，从不念及，也依然深深地留在记忆之中。

146

不要有崇拜心理，即使对方是诗人、作家、明星或其他知名人士，也不要崇拜对方。因为崇拜只会使自己的形象渺小，或许对方会轻视甚至鄙视你。

请记住：自己的行为，正是别人应该怎样对待你的样板。

选择是一种权力，一种自豪，更是一种沉重。别无选择，不是选择。

永远不停地重新开始，只有这样，在生命结束的时候，才不会为自己的昨天而惋惜，你才会有充实的人生和幸福的回忆。

机会就像银燕，经常飞临我们的窗棂；机会就像钟声，时时回荡在我们心间。只是需要我们用目光去捕捉，用耳朵去倾听。

当你猛然想起应该抓住机会的时候，机会已离你远去了。

一个人要善于制造机会，把握机会，切不可等待机会，错失机会。

机会——属于探索，属于寻觅，属于争取；属于把握，属于期待，属于准备；而它最终属于你的事业心，使命感，属于你为之付出的心血和汗水，属于你自身真正具备的优势和实力。

没有选择的机会是一种痛苦，有了选择的机会也是一种痛苦。因为，从本质上讲，选择就意味着放弃，选择的过程就包含"失去"。

在满头青丝中，突然出现了一根白发，有人感到惊慌，把它当作感叹和惆怅的一条绳索；有人更加振作，把它当作必须快马加鞭飞奔疾进的一根银鞭。

既要抓得紧，又要放得开，当你领悟了这个自相矛盾的悖

论，那么，你也就举足可登智慧殿堂之门了。

真实生活中重要的事情都是无声无息地发生的，不会有锣鼓声引起你的注意，让你知道将遇到一生中最重要的人物，读到一生中最重要的文章，过一生中最重要的时刻。

追求时髦是为了避免粗俗；但过分的追求，不仅不能避免粗俗，反而更加俗不可耐。

天才不是天生的。出生之初的鸟并无"笨"、"智"之分。即使是"笨鸟"吧，如果它懂得"先飞"的道理，它也有希望成为天才。

在花丛中埋怨花不香，只因他鼻子不灵；在阳光下责备光不亮，只因他眼睛不明；在征途上悲叹前途渺茫，只因他意志不坚。

默默无闻的绿叶，永远吸引不了蜂飞蝶舞。可它从废物一样的二氧化碳中汲取生命的营养，于是大地上有了含芳滴露的鲜花。

和聪明人在一起时，必须加倍地注意自己，千万别说得太多。这样至少不失去两样东西——对方精辟的观点和自己的受益。

没有人会听信一个大谈"人生哲学"的人，不管他在演说还是在号召。除非人们亲眼看见他是如何对待自己的妻子、孩子、邻人、下属和敌人的。

六个最重要的字是："我承认犯错误。"五个最重要的字是："你干得出色。"四个最重要的字是："你的意见?"三个最重要的字是："对不起。"两个最重要的字是："谢谢。"最不重要的字是"我。"

无论是水掺进油，还是油倒进水，两者的关系同样不融洽。谁自诩比别人高明，别人往往不能认识他的高明。

在璀璨的星光下，我仿佛站在时空的交叉点。路程，把人们分离得很远很远；思念，把我们联结得很近很近。

不要为挫折而忧烦。凡是失去的，都是继续前进所必须抛弃的。失去的让它失去吧，属于你的在前头。

不要因为明天别离，就收回曾经的许诺；不要因为一时的冷漠，就怀疑我永恒的执著。既然我们已近在咫尺，为什么还要美丽地错过。

总有些想忘记却不能忘记的故事；总有些虽努力却未成功的伤感。只有勇敢地甩弃失落，才能追赶上时代的太阳。

拉拉队的呐喊声可以是动力，也可以是压力；可以使人振奋，也可以把人喊晕：关键在于运动员的心理状态。

瞬间，摄影机能照出你真实的相貌，却照不出你的灵魂；只有长久的生活，才能映现一个人的心灵。

前途，不是个人私欲的实现，它的意义在于：向光明进军，对真理探求，不断用才智和汗水去创造美好的明天。你立足于人民的需要，它就是灿烂美好的未来；你深陷在私利的泥潭，它就将你无情地抛弃。

小小的谷粒，辛勤地收集过、咀嚼过宇宙中的星光与阳光，原野上潮湿的风与干燥的风，还有三月绵绵的细雨和五月狂泻的暴雨。于是，它通体都是洁白的乳汁。

顾及别人是需要的，但是顾及过多、过细、过死，则会变成累赘，反而使人厌烦。

在最悲伤的时刻，不能忘记信念；在最幸福的时候，不能忘记人生的坎坷。要知道，物质生活的满足，永远不能填补内心世界的空虚。

根系发达，才有树冠雄伟；茎干粗壮，才有枝叶繁茂。同理，学习扎实，才有真才实学；信念坚定，才有前程灿烂。

黎明是大地的诱惑，鲜花是蜜蜂的诱惑，大海是小溪的诱惑，土壤是种子的诱惑，蓝天是风筝的诱惑，创造是青春的诱惑，理想是生命的诱惑。

木成材不易——十年树木；人成才更难——百年树人。因此。要爱木，更要惜人。

社会就像一片原野，我们每个人就是一颗种子。即使在土里深埋着，也要不停地吸收营养来充实自己。那样，机会的春雨撒下时，便会长出茁壮的芽儿，盛开成功的花。如果因为未见天日，没出头露面就自暴自弃，蜕化成糠秕，即使有春雨的滋润，又有什么用呢？

时代的轨迹描绘民族的画卷，奋进开拓是炎黄子孙人生的内涵。有人类的地方就有生命的诗，热爱生活的人都会有成功的起点。

社会总是日新月异的，所以，每个时代的每个人都要有新的设想，新的观念和新的创举，否则你就会成为昨天的代名词。

152

社会是一个由无数平面组合的立体，只要你找准自己所在平面的位置，就能发出光和热，哪怕是最微弱的，都将被社会接受。

一个社会是否能够宽容大度地接纳那些性格比较怪戾，甚至对之进行抨击的思想家和艺术家，往往是衡量这个社会是否成熟健全的一个标志。

仅知道别人已经做过什么，充其量只能成为一个知识渊博的学者；只有能发现别人还应该做什么，才能成为创新与开拓者。

一个民族不是一尊青铜的鼎或爵，一旦铸就便不再变化，被人们一代又一代地收藏和传给后人，久而弥珍；传统应该像

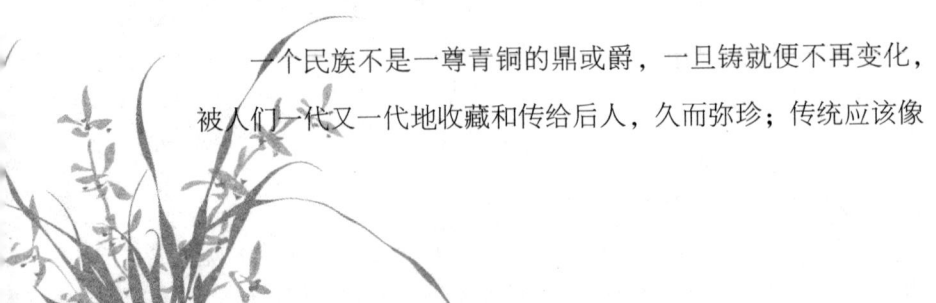

那汹涌奔流的长河，每一代人都受它的滋养，每一代人也能朝它注进活水。

如果我们承认世上有许多宝贵的东西都是金钱所买不到的，如果我们相信人类不仅占有物质的世界，同时还享有精神的王国，那么，我们就无需以计算财产的多寡来判断人们的贫富。身无分文的人，我们可以称他是百万富翁；腰缠万贯的人，我们也可以视他为乞丐。

触摸一个小孩的脸、一只狗的光滑的毛皮、一朵花的花瓣、一块石头的粗糙表面，就是建立了大脑活动的新秩序。接触就是交流。

不要放弃每一个你可以关怀别人的时刻。人与人间有了爱的联系与结合才能创造出美丽、和谐与幸福的世界。

欲望太多和欲望太少都会使人失去生活的欢乐。一无所求的人自然和欢乐无缘，野心勃勃的人也只能生活在痛苦之中。懒惰和贪婪足以把所有的欢乐拒之门外。一个人既要有所追求，也要有所舍弃，知道何时应该执著，何时应该放手。

现代人的痛苦不再来自贫乏和劳累，而来自恐惧和焦虑，换句话说，不再被别人奴役，而被自己所奴役。解铃还须系铃人，你只能用自己的双脚步出黑暗，用自己的双手拨开愁云，只要心中有不灭的希望，总有云开日出的时候，一旦凭借自己的力量从痛苦中解脱出来，百倍的欢乐将会抚慰你受创的灵魂。

失败有时能比成功给人带来更多的启迪，痛苦有时能比欢乐给人带来更多的帮助。痛苦可能是折磨人的牢狱，也可能是锻炼人的学校。有的人在痛苦中沉沦，有的人在痛苦中崛起。经受了寒冰的考验，梅花将开得更加璀璨动人；经历了战争的锤炼，真的勇士将显得更加坚不可摧。

个人的辛苦只有个人知道。犹如一根白发，尽管别人也许能化验出什么元素，但决不能从那里化验出酸甜苦辣来。

当你渴望过去，把自我拖到过去的时候，你就伤害了自我的现实感，你就欺骗了自我，把成熟变成了幻想。

不要总是在绝望的边缘徘徊，也不要总是对着厄运长吁短叹。生存是在今天，而不是昨天，是现实，而不是幻想。健全的自我形象意味着生存，生活在昨天不是生存，是死亡。

观察任何事物，请同时用你的眼睛和心。只有将眼睛摄下的事物，洗印在心的底片上，才能看得真切，受益无穷。

守望与等待并不仅仅是懦夫的行为，智者最聪明的选择也常常是守望与等待。守望与等待也应该是美丽的，因为爱不一定要牺牲与奉献来完成，恒久的忍耐与永无休止的等待，使爱独具情韵。

善良的人，往往以直觉去感受，去认识一切。他们以自己的感情品德来看待和理解别人，如果说这是缺陷的话，那么这是这种人身上存在的唯一缺陷。

最狠毒的攻讦，不在于明火执仗，而在于精心地设置一个圈套。最可悲的莫过于，明知是个圈套，却仍不得不钻进去。

回忆，是一位善解人意的大师，它会修补、镶嵌、着色、重现，使成功者得到满足，使失意者得以解脱。

大人物只是个不断努力进取的小人物，而小人物妛维护自己人格的庄重，否则，很容易失去那个"物"字，使自己沦为小人。

与其满脸涂满油彩，不如留下一双孩子般的眼睛。天然的情趣和天生的诗情所搭起的茅棚，胜过扭曲的灵魂所拥有的最华贵的屋宇。

人的脑子像一间空空的小阁楼，应该有选择地把一些家具装进去，只有庸人才会把他碰到的所有东西一股脑儿地装进去。

理解是相对的、暂时的；不理解是绝对的、永恒的。对于世界，对于人，皆如是。故有人说：理解万岁——实为愿望。

躲避和随波逐流是很有诱惑力的，但有一天回首往事，你可能意识到：随波逐流是一种选择——但决不是最好的一种。

如果你才在上周末滑过一次冰的话，最好就不要大谈怎样进行花样滑冰，因为在座的也许有高手。所以，你谈你滑冰的第一印象和第一次跌倒好了。

避免犯错误的唯一办法是拒绝尝试新事物。那些瞻前顾后、前怕龙、后怕虎的人，其创造才能等于零，因而是没有多大发展前途的。

收割者假如不时地回头数自己的成果，那么，他的收获总是有限的；倘若一直朝前奋斗不止，他身后将是一片不可估量的战绩。

要知道，并不是我们所拥有的东西使我们快乐，而只有我们喜欢的东西才能给我们带来欢乐。

大悲壮寓着大单纯。只有大阴谋需要大复杂，需要大装扮。大欢喜必然寓着大悲恸，因为它要告别故魂曾赖以生存的城池，再造一个足以令新魂畅发的精神宇宙。

一味欣赏自己脚印的人，只好倒着走了；而倒着走，是走不快的，是要摔跤的。

当你有烦恼、忧伤时，不妨试着忘却它，因为遗忘有时也是一种力量。

当你照镜子时，镜子能清晰地显现你的神态；世界是一面巨人的镜子，只要你投以爱的目光，它就会对你流露深情。

如同甘草甜、青杏酸、黄连苦、生姜辣而未能五味俱全，世界上各种事物都有自己的局限性。既然如此，当别人对你求全责备时，万不可过于认真，以至看不到自己的长处和优势所在，最后走上自卑乃至自弃之路。

开始冲在最前面的竞技者，不一定能第一个到达终点，因为赛跑不仅要起跑好，而且要比别人更能发挥耐力和后劲。

干大事业者是不会计较一时的得失的，他们都知道放弃、放弃些什么和如何放弃。放弃可以使你轻装前进，放弃可以使你摆脱烦恼，放弃可以使你显得豁达豪爽，放弃可以使你赢得众人信赖，放弃可以使你变得更精明、更能干、更有力量。

诗人贬斥罂粟花，说它有着邪恶的光泽。我第一次看见罂粟花时，却惊羡她姿质独具的美丽。因为我不知道那就是罂粟花。知道它就是罂粟花后，仍然欣赏它的美丽。不信，等到人类不再将它强制成毒品时你再看看。

太阳升起前的黑夜，总需要灯火照明。但是，如若没有太阳的光芒，白天将比黑夜更加可怕。

天是无私的，无论曾经怎样施恩于你，它都从来于你无求。同样，有谁曾对自我服务别怀私心么？自助即天助。我们很少对自己感恩，其实人是应该对自己感恩的，许多艰难险

阻，我们都是凭自己的意志挺过来的。

为了吃一顿烤鸭，而宁愿啃半年窝头的人，是傻瓜；为了摆一回阔气，而不惜倾家荡产、债台高筑的人，是呆子。

在邪恶面前，嘴保持沉默的，不过是懦夫；心保持沉默的，却是帮凶。

那些自命高贵而没有高贵心灵的人，正如我所敬仰的伟人说的，都像块污泥。但他们也略有价值，譬如给天真的同类治疗幼稚病。

字写得不好的人，会对钢笔发脾气；乒乓球打不好的人，会认为毛病出在球拍上。人缘不好的人，常会诅咒别人，认为这是别人的责任。

地球的引力，使人脚踏实地；但也能叫人跌入泥坑。当心啊，人们！道路并不平坦，迈步须掌握住自己的重心。

海水动荡不息，激怒了鱼，退潮的时候，它留在沙滩上。呵，它不知道，死才是宁静的呢！

打开尘封的门窗，让阳光雨露洒遍每个角落；走向生命的原野，让风儿熨平前额。博大可以稀释忧愁，深色能够覆盖浅色。

捡着地上的落英，我看见了枝头上许多小小的青果，春天呵，我是在收着你的希望呢……

我们应该用自己的脑袋思考问题。如果自己不动脑筋，只是简单地重复别人的东西，那人的脑袋就等于聋子的耳朵。

你最痛苦的时候，窗外却有小鸟在快乐的歌唱；你最快乐的时候，有人正受着病魔的折磨，和死亡搏斗、挣扎。世界总是一样的，只是我们的心情和遭遇不一样而已！

在精神财富上，有人太富有了，富得应有尽有；有人太贫穷了，穷得连一个梦也做不着。然而有的贫者，却认为对方是不幸的。

太阳和月亮像两个巨大的轮子，驮着时间的车辘辘奔行。在车上，我们每个人都有一个位置，我愿意当一名驭手，驱赶时间，而不愿意作为货物，被时间裹着前行。

听人摆布的人，当然会得到他人的欢心，还会得到一些小小的恩惠，然而他们失去的却是属于他们的最宝贵的东西——尊严、个性和品格。

冬天真是那样冷酷吗？也许，它是为了净化我们这太多污浊的世界，所以才板起了面孔。世界，不能没有冬天。

苦难和欢乐都不是永恒的。向苦难进军者，使苦难变成了欢乐；天天享受快乐者，则会失去向上的勇气。

有人骄傲，有人霸道，时间会教育我们，岁月的磨难，使蛮横的人也会有谦卑的一天。

真正打动人的感情总是朴实无华的，它不出声，不张扬，埋得很深。这种感情能穿透可见或不可见的间隔，直达人心的最深处。

真实是最难的。为了它，一个人也许不得不舍弃许多好东西：名誉、地位、财产、家庭。但真实又是最容易的，在世界上，唯有它，一个人只要愿意，总能得到和保持。

历经磨难的人，易精神颓丧，意志消沉，因此，要使他们振作起来，需要极端的小心谨慎。

有一种欢乐，不需要任何旁的人，自个儿就感到完全沉浸在欢乐之中；还有一种欢乐，却希望一定要和别人分享，如果没有朋友，不知怎的，这欢乐就不成其为欢乐，甚至会化为忧愁。

大家都知道应当忘记痛苦，但很少有人懂得，一切成功和幸福固然应当欢迎，应当接受，而把成就放入自己的仓库后，也要尽快地忘记。

欢乐与痛苦都应当忘记，要记住的只是永远前进的思想。

海洋是伟大的，然而在森林里或沙漠的绿洲里，小溪却在完成同样伟大的事业。小溪在沙地上奔流，在大河面前毫不畏缩，一刻也不停顿，而是以平等的身份，像兄弟那样，愉快地汇合到一起，因为现在它还是一条小溪，可是眼看着它自己也要成为海洋了。

假如你想笑出眼泪，笑痛肚子，笑倒在地，还是经常笑自己吧，因为一切行为都有隐秘可笑的一面……但我们不会笑自己——这是办不到的。这里只有一个办法：在别人身上发现自己的可笑之处，把它展示出来，看着它哈哈大笑。

再美的梦，也毕竟是梦；一千个零，终究还是零。不迈出第一步，哪来第二步、第三步？华丽的空想之树，又怎能结出累累果实？

森林里最黑暗的时候并不是午夜，而是在破晓之前。"多么暗啊！"有人会说。而另一个人抬起头来，回答说："暗吗？这就是说，不久就要天亮了。"

如果因为没有预测到未来而跌了跟斗，最常见的办法莫过于去找出可能补救的办法；埋怨、责怪从来于事无补。

花开了，果熟了，人们赞美，人们欣喜。可是，落花时节，却有人消沉、惋惜、失意。其实，落花是成熟的开始；只有花落了才能结果。落花后，果树就会用尽全力去生长自己的果实；园丁则更辛勤地浇灌、治虫、追肥、培土。

荷叶，因为露珠依附了你，你就将它视为珍珠。

嫩芽，顶开了一块泥土，像一把钥匙，启开了沉寂的门。用一

点新绿，化作悦耳的春歌。

娇艳的花，翠绿的叶，并非果树的追求。为人们献出硕大的果，甘甜的汁，才是果树的心愿。

泪，喜极有你，悲极有你——不折不扣的中庸之君。

要想塑造好自己的形象，就要重视生活中的每一件小事。接受新观念及改掉坏习惯的人，不会感觉老之将至。

面对事业竞技场上的道道横杆，我的办法不是钻，不是绕，而是全力以赴地起跳！

既然对远方有无尽的向往，就应该有十二分的勇气笑对一路坎坷，一路风尘。

没有一次争取是一劳永逸地完成的。争取是一种每天重复不断的行动，人们必须一天又一天的坚持，不然就会前功尽弃。

经历了磨难，加速了成熟。"艰辛玉成"，即是此理。所以，人们常说，磨难是人的一种独特的精神财富。

勇于在生活的大舞台上拉幕的人，他本身就是壮阔剧情中一个出色的配角。

鹰击长空，固然与其高远的志向分不开，但更重要的是，它有一双强劲的翅膀。

如果在极小的挫折面前一蹶不振，那就会把人生旅途视为畏途，势将贻误自己的前程。

假如你感到自己崇高，那么你眼前看到的一定是渺小；假如你感到自己渺小，那么你的眼前一定看见了崇高。当我们面对浩瀚的宇宙，能感觉到自己渺小时，那么离崇高就不远了。

痛苦的时候不要彷徨，不要迷离，到大自然中去吧，自己领着自己，走出那方狭小的天地。

如果痛苦郁结在胸中无法排遣，不妨学学蚌的襟怀——包容它、磨砺它，总有一天，痛苦的沙子将成为闪光的珍珠。

十、遐思天地

166

　　我们出生时都攥着拳头，一心一意要去拼搏奋斗；我们去世时却展开双手，尘世的一切我们都不带走。

　　梯子的梯阶从来不是用来搁脚的，它只是让人们的脚放上一段时间，以便让另一只脚能够再往上登。

　　何谓聪明？有人根据这两个字的字体结构解释为：耳多听，眼多看，口多问，心多想，日积月累，知识逐渐多了，人也就聪明了。

　　打击是一种不幸。但正因为有打击，钉子才能找到生活中的位置。创伤是一种不幸，但正因为有创伤，河蚌才能孕育出美丽的珍珠······被不幸击倒，才是真正的不幸。

过分成熟的男子，会变得世故；过分成熟的女子，易滑向沉沦；过分成熟的果子，便不能久放。总之，成熟到极限即为腐烂。

用蜻蜓的尾巴去探测大海的深度，永远都不会得出正确结论。

为了自身的平衡，秤砣必须在秤杆上调正自己的位置。

把一个简单的道理极深奥地阐述一遍，会引起人们的敬佩。把一个复杂的道理极简单地挑明，会引起人们的惊奇。

每块木头都是座佛，只要有人去掉多余的部分；每个人都是完美的，只要自己除掉缺点和瑕疵。

把神像熏得乌黑的，不正是那些进香的信徒吗？

各自都想突出自己的山峰，怎能不在彼此之间形成深沟大壑呢？

当一个人欣赏夕阳下自己高大的身影时，黑暗将要把他吞没。

最短的距离是从手到嘴；最长的距离是从说到做。

火把往下垂的时候，火舌一个劲地往上蹿；正直的人在危险时刻，越发显得光明磊落。

闪光的不一定是金子，但金子必定能闪光。

珍珠离开了蚌还是珍珠，但蚌失去了珍珠只不过是蚌罢了。

决不在自己的翅膀上系着黄金，为优裕生活所累；也不轻易收起健翅，因困苦生活而潦倒消沉。

满眼看到的是长长的黑影，是因为自己用背朝向了太阳。

眼睛很宽容，能装下整个世界；它又很苛求，容不得一粒沙尘。

世上万事万物无一尽善尽美，玫瑰虽色香俱全，却满身尖刺。人亦如花，十全十美决非易得，唯有求知，才能弥补不足。

蚕和蜘蛛都在辛勤吐丝，但结局迥异。

迎着太阳走路的人，所以能拥有阳光，是因为他们总是把阴影踩在脚下，抛在身后。

有这样的人，跌跤了，他爬起来，走两步又跌跤了，跌得头破血流。他想，我不再爬起来了，与其爬起来还要跌跤，不如干脆躺下。

尽管晚霞比朝霞美，但总是爱朝霞的人比爱晚霞的人多。

真正唤醒大地的是春雨而不是炸雷，真正热爱百花的是蜜蜂而不是蝴蝶。

沿着小溪前进，一定能看到浩瀚的大海。

瞬间的狂风暴雨只能打湿一层地皮，丝丝细雨才能渗入地底。

只有已经霉变的种子，才担心自己会被埋没。

对别人负责的镜子，需要认真擦掉自己身上的灰尘。

充满泥泞的路是难走的，但最易留下跋涉者的脚印。

惧怕暴风雨的鸟，它的翅膀永远不会坚硬。

笑着的未必欢乐，哭着的未必悲痛；痛饮者未必糊涂，劝酒者未必清醒。

天空缄默不语是因为它博大、深厚。

把别人看得渺小的人，请记住，别人也以同样的距离看你。

像石灰那样承受泼来的冷水，不消沉反而沸腾；像谷穗那样对待吹来的暖风，不炫耀反而低头。

即使门窗紧闭，室内还是会有尘埃；只有勤洗勤扫，方可一尘不染。

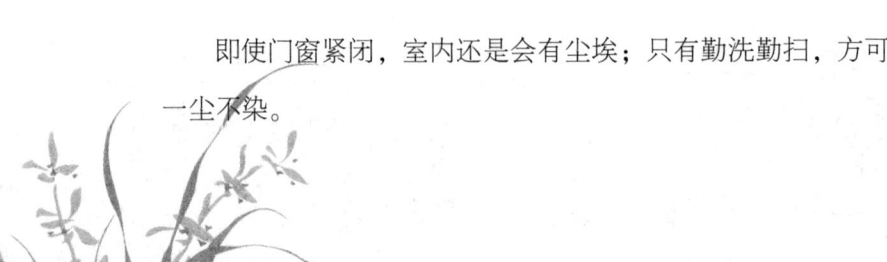

戴上墨镜，世界在你眼前就立即失去了光彩。个人的不幸，往往是脆弱者观察生活的墨镜。

生活的原野上既有鲜花也有荆棘，害怕荆棘就采不到鲜花。

单独一个琴键，不管它的声音多么响亮，毕竟不能奏出真正的音乐来，只有整个键盘都协同动作，才能弹出扣人心弦的乐曲；个人与集体的关系犹如琴键和键盘，个人的本领不管有多大，离开了集体就会一事无成，和集体融合在一起，就会获得无穷的力量。

有人问一老汉什么兽类最伤人，老汉回答："说起野性的兽类来，诽谤者最伤人；说起驯服的兽类来，那就要数献媚取宠者了。"

假如蜗牛讥笑了黄牛，那也不算奇怪，因为黄牛毕竟不能驮着房子，在垂直如刀削的墙壁上，慢悠悠地行走。

当人类无情地屠杀动物时，请记住：这不是人与兽的搏斗，而是兽与兽的搏斗。

鸭尽管会被某些人捧上架，却不会幸福，因为水塘是搬不到架上去的。

酒从反面昭示人们：要多几分警醒，少几分贪婪。

思念如癌，当你力图把它切除的时候，它便扩散向更广泛的领域。

人才受到的冷遇，往往同庸才得到的奖赏成正比例。但事业和理想却只会拥抱人才，唾弃庸才。

在家庭生活中，儿子比父亲聪明，父亲会由衷地骄傲；而在某些单位里，下级比上级能干，上级反倒隐隐的不快！

一滴水在蚂蚁眼里是一片湖，而在猫看来则仅仅能够湿润嘴唇。猫不该埋怨蚂蚁的"大惊小怪"，蚂蚁也不应该讥笑猫的"胃口太大"。

丑无疑是遭人厌嫌的。但是你看见过玩具店里孩子们争购那五官畸形的"丑脸娃娃"的喜爱之态吗？

水拌和了的沙灰、沙子和石子，在震动器的震动下，是不

会走向分裂和崩溃的，而只会团结得更加紧密。

幸福的泪也罢，痛苦的泪也罢，只要来自同一瞳孔，它们的化学成分相似——这提示了一个道理：祸与福同门，利与害为邻。

有两个人同时在栅栏中向外看，一个看到的是星星，一个看到的是黑暗。那我们为什么不作第一个人呢？

猴子因为见异思迁，终于未能变成人。

从贪婪的缺口掉下去的，没有几个能爬上来。

习惯于平庸，也就是习惯于软刀子宰割。

心胸宽广的人没有痛苦，欲望无穷的人没有欢乐。

没有一股向上的力量，喷泉就无法展示美丽的"自我"。

如果挺不直腰板，高山也就失去了坚昂俊美的风采。

依托广袤的蓝天，云朵从不感到孤独。

为了瞬间的闪光，雷电积蓄了天地间的力量。

首先被暴风雨扫落的，是那些发黄的枯叶。

采摘不成熟的果子，你的心灵之园只能留下一个青果。

梅花的生命史诗，是在傲雪斗霜中写成的。

能长草的地方，必然会有鲜花盛开的时候。

不要埋怨炎夏的热风，因为它会吹出一个成熟的季节。

因为每一棵小草都不怕自己被淹没在绿色之中，才有草原广袤无垠的壮观。

春蚕吐丝作茧是无私奉献，而蜘蛛吐丝结网是贪婪索取。

乌鸦与喜鹊同是鸟类，只因不会说动听话而失宠。

驴，论足印，并不比骏马逊色。

当晚霞呈现火烧云的时候，天际才显示出最光彩的一幕。

心，应该是一口深井。在寒冷的冬天，它能吊起温暖；在狂热的夏天，它能吊起冷静。

用左眼看别人的缺点时，右眼要审视一下自己。

自我感觉良好的人如蝉一样少知寡欲，几滴清露就足以果腹，因而，它们是从来不会为知识的井深眩晕的。

寒冬使小草经受了磨炼，并且萌动，但小草钻出地面时，它却走了。把荣誉留给了春天，把诅咒留给了自己。

翅膀若当作一种装饰，便会丧失存在的真正含义。

见了稀客，家狗总是狂叫；而见了常来的盗贼，它却一声不吭。

只有一种死，永远也不代表毁灭，那就是，自落的花，成熟的果，发芽的种，脱壳的笋，落地的叶……由此可以坚信：英雄的美德在于面对死亡而永远没有失败。

蜡烛舍弃了固态，在燃烧中发光发热。不安于现状的人，舍弃固有，学会选择。

铁锤对钉子的帮助是直率和无情的，因为只有这样，钉子才能有所作为。

不必要，也不可能使每个人都喜欢你，正如并不是每朵花蕾都能走向秋天的太阳。

如果不是命运的狂风把那颗孱弱的种子抛到那一片绝境，也许我们就不会欣赏到悬崖上伟岸的巨松了。

每一片圣洁的雪花都有一个赖以凝结的核心，那核心必是一粒灰尘；每一个伟大的胸怀都有一个出发点，那出发点必是凡人的需求。

善交朋友，脚下像草原一样广阔；孤独无友，眼前像手掌一样狭小。

离别，使浅薄的感情削弱，使真挚的友情深厚。正如风能吹灭烛光，亦能把火煽得更旺。

作为一种品质，"诚实"之是否可贵，取决于其所施予的对象。若对狐狸也言"诚实"，则纯属愚人之举。

不要以为一叶片舟默默远行于大海就是一种孤寂，不要以为湛蓝的天空中一只孤雁对天长鸣就是一种冷落，那却是人生最精美的画卷，一种独特的风流。

彩虹在两山之间架起了一座彩桥，但希望的步履千万莫走那座桥；那不是翻越天堑的通途，而只会使你跌入无底的深渊。

美好的容貌可能给你带来幸运，却不一定带给你幸福。美好的容貌是一张通行证，可使人上天堂，也可使人下地狱。

"失败是成功之母"这话是千真万确的，只是有一点要注意，如果方法不对头的话，失败一千次也未必能获得成功。

没有暴风雨，就没有暴风雨过后的彩虹。那么，当你欢呼绚丽的彩虹时，也为那已经过去的暴风雨欢呼吧！

即使在风浪中颠簸的船，其起点和终点仍然是毫无价值的，因为对船来说意味着一种停滞。只有航行着的船，才是真

正的船。

纯金器皿无须鎏金，大凡鎏金的东西，其品质皆与真金相去甚远。

事业犹如椭圆形跑道：才到终点，又是起点。

事业上的全能冠军并不多见，一个人尽管矢志不渝，终其一身，也只能在某个领域获得相对显赫的成功。

幻想飞得太高，坠落在现实时，伤就格外地重。

从猿到人经历了若干万年，从人到猿有时竟在挥手之间。

当年达尔文发现脊椎动物由无脊椎动物进化而来，他做梦也没想到，纵是最高级的脊椎动物还会退化为"无脊椎动物"。

参天大树为什么要深深扎根？是为了繁茂它绿色的生命。

萤火的可贵，不仅在于它能照亮自身，更为可贵的是它能给人们一点亮色的启示。

把光明赠给别人的人，也就成了别人心中的光明。

世界上一切荣誉的桂冠，都是用荆棘编织而成。

太阳不语，自是一种光辉；高山不语，自是一种巍峨；蓝天不语，自是一种高远；大地不语，自是一种广博。

如果把种子点播在干热的沙漠里，那就别想指望收获。

站在前人的肩上，连小孩也高过巨人。

不要以为靠你近的都是花，离你远的尽是草。

离枝的花，往往在炫耀中走向枯萎。

秋天里脱落叶片的枝丫，像无数只高举的手臂，都赞同新旧交替的规律。

世界上没有完全相同的两粒沙子，世界上没有完全不同的两片叶子，人与事皆如此。人生在世，每个人都在矛盾中生活，既要看到彼此间的异，又要看到相互间的同。同中有异，异中有同，这才构成了多彩的世界。善于求大同存小异的人，生活中就少些无谓的冲突，多些欢乐。

安逸、闲适，犹如一条索然无味的直线。奋斗中的挫折好比一条曲线的"波谷"，成功则好比"山峰"——它们共同构成了美妙的曲线，构成了富有弹性的生活。

人们一见到骆驼，不由得涌起由衷敬意，因为它没有脾气，任劳任怨，始终踏着稳健的步履，以火团一样的炽情，驮走一个个春秋。

淫雨绵绵，蘑菇却破土而出；戈壁茫茫，红柳竟傲然挺立。

向嫉妒你的人学习，向憎恨你的人求教；像苍鹰在风雨中翱翔，似弄潮儿在海浪中搏击。

柱顶梁，梁扛檩，檩肩椽，椽托瓦，它们紧密团结，才砌起高楼大厦。

孩子学步，总是那样吃力，那样蹒跚，那样幼稚可笑；然而，哪一位长跑运动员不是从学步开始的呢？

喜欢让自己膨胀起来引人注目的气球，总爱高人一头，神魂飘飘。只要一松手，它便不顾性命地升高、升高，可结局总是不那么美妙。

喜欢践踏青苗的人，觉得这比走在泥泞的土路和崎岖的山路上要舒服得多，省力得多。然而这脚下踏毁的正是未来和希望。

有人向来拒绝和别人握手，只有在自己溺水时才突然产生这种强烈的欲望。

在前进大道上，有这样几种人：有的人驾着战车，风驰电掣；有的人轻装上阵，争分夺秒；也有的人被人推着，步履蹒跚；更有的人躺在路上，哼哼唧唧，阻挡别人前进。

跳高横竿一格一格往上升，这是为了阻碍人们前进的步伐吗？不，它的升高，是为了让健儿们付出更多的汗水，创造更好的纪录，并让人们懂得：创新的高度没有止境……

一切欢乐都可在付出了痛苦的代价之后得到，虚假的愉快与真实的愉快之区别就在于：真实的是先付出而后享受，虚假的则是享受过后便要付出代价。

大自然的风化，创造了大自然的奇迹。土和木成器，要经过高温的烧结、利刃的砍劈；人要成器，须经历心灵的雕饰、血与汗的洗礼。

一块煤，可以无声无息地躺在泥土里，也可以燃起熊熊的火焰；一个人，可以碌碌无为地虚度一生，也可以创造出不朽的业绩。关键的问题是：不要把自己埋入个人主义的污泥里，而要把自己投入轰轰烈烈的建设大业的熔炉中。

一块石头，如用之于建筑上，则能为大厦奠基；如搁置在道路上，只会成为阻挡人们前进的障碍。

松弛了的琴弦无论如何也奏不出高亢的乐曲，泄气了的皮球无论如何也不能跳到半空。一个人丧失信心、没有干劲，不就和松弛了的琴弦、泄了气的皮球一样吗？

浓烈的美酒，味道是香的，但它能加速贪杯者的沉醉；野地的黄连，味道是苦的，但它能医治病患者的疾痛。

灯光，感谢你将茫茫黑夜照亮，愿你不会为显示自己的光彩而死死拉住黑夜不放。

懂得沉默的人不与强词者作战，因为他明白，强词者不足以夺理——待情绪退潮，理性之礁自然会浮现出来。

丛林中，急于成阴者只能成为灌木；只有积蓄养分，追求向上的苗木，才能成为参天大树。

随着时间的推移，伤口是能愈合的，但是疤痕却永远不会抹去。失去的，将永远无法挽回。

沙滩上的贝壳原先也是很粗糙的，由于长期受到泥沙的磨炼，海水的雕琢，才变得质地坚韧、色泽鲜艳、光泽迷人。

在酒席上，我们常常看到这样两种人：谢绝添酒声言已醉的，是清醒的人；而醉汉却总是大声喊叫自己没醉。

只有闪而没有声，那不是真正的雷；只有热而没有光，那不是真正的灯。

药是治病的，但过了量就会致命；母爱是伟大的，但过分了就会断送孩子的未来。

没有路的地方可以走出路来。但是，如果不再走了，路又将被野蒿遮没。

经过冬天的冷处理，春天才布满温馨多情；经过夏天的热孕育，秋天才呈现丰满成熟。

尘土，平时总谦卑地匍匐在你的脚下；一旦风来，它便肆无忌惮地朝你脸上扑来。

我崇拜大海，它有广阔的胸怀，任凭风搏浪击；我敬慕溪流，在山石的狭缝中夺路而行，追求曲曲折折的道路。

生活中，我喜欢烛光，它虽小虽弱，却是自身放射的光辉；我并不赞叹月光，它虽美虽亮，却是挪用太阳的光芒。

水滴，既无波涛翻滚的险象，又无倾盆大雨的凶势，滴答之声虽微，它给人们敲的是警钟：即使你坚如磐石，如果小视这点滴的力量，当心有一天会"石穿"。

自然界有两种现象：一种是百川归海；一种是水滴石穿。前者是力量汇聚的范例；后者是力量持久的典型。一个人倘能充分发挥这两种力量，还愁什么困难不能克服，什么奇迹不可创造?!

一滴水珠是渺小的，但汇入江河，就能形成奔腾不息的潮头；一滴水珠的力量是微弱的，但集中于一点，持之以恒，滴水也可穿石。

一个人的能力是有限的，但奋力攀登，便能高踞无限风光的险峰；一个人的力量是微弱的，但投身于集体的事业，就能焕发出无穷的力量。

小小的水滴能把石头穿透。它的力量，在于坚持不懈，持之以恒。它不因暂无成效而间断，也不因对手的坚硬而休止，它满怀着必胜的信心向岩石冲击……

滴水之所以能穿石，在于它的目标明确，力量集中，一点一滴，不偏不歪都打在同一部位上，如果飘飘洒洒，漫无目标，别说穿石，就连一张纸也难穿过。

一滴水是微小的，可是亿万滴水汇集起来，就能变成洪流；一根麻绳是纤弱的，可是千百根麻绳扭成一股，就像钢丝一样牢固；一块砖头是低矮的，可是千百万块砖头垒起来，就能砌起万丈高楼；一堆沙子是松散的，可是它和水泥、石子、

水混合以后，就如花岗石一般坚硬；一个人的力量是有限的，可是千万个人团结在一起，就会成为无坚不摧的力量。

点点滴滴的水，可以汇成滔滔江河；分分秒秒的时间，可以积成年年月月。

流水在给航船以阻力的同时，又给以浮力；生活在给人生以艰辛的同时，又给以欢欣。

缓缓河水，能冲毁松散的河堤；急急浪涛，冲不垮坚强的岩石。

江河看不起小溪，小溪默默无语；但没有流淌的小溪，江河便将销声匿迹。

诗人讴歌浪花的美丽，船员惊叹浪花的伟力。我却钦佩浪花的谦虚——永远依靠大海，从不把功劳归于自己。

大海的浪花，洁如白雪，猛如雄狮，而一旦扑到岸上，离开整体，便一触即溃，销声匿迹。

肉眼看不见显微镜能看见的东西，这太好了。否则，谁还敢喝水呢？

"噩梦醒来是早晨"还好，如果"美梦醒来是黑夜"呢？

有人去问魔鬼："难道你对谁也不尊敬吗？"魔鬼回答："怎么不！我尊敬人，因为是人创造了我！"

只有哭声的地方，必有得意者；只有笑声的地方，必有落难者。

如果每个音符都想充当激昂的角色，世界永无和谐的音乐。

跌倒过的人只要不丧失前进的信心，往往比没有跌倒过的人跑得更快、更稳。

走过的不一定都是路，失去的不一定都值得留恋。

年轻的时候梦太年轻，美丽的幻想总是远远地悬挂在现实之上；年老的时候梦又太厚重，现实的思想总是与幻想相距万水千山。假如年轻的梦和年老的梦能够掺糅在一块，现实与幻想平分秋色，那该多好！

并不是人们所吃的，而是他们所消化的，使得他们强壮；并不是我们所获取的，而是我们所节省的使得我们富裕；并不是我们所读的，而是我们所记忆的，使我们成为有学问的人。

当琴弦绷断的时候，会发出一声撕裂地呼喊，它不愿在沉默中死去……

月季酷似玫瑰，但她没有模仿，更没有冒充玫瑰。天生的共同，足以使人走在一起，也足以使人分离。

看见那么多的花朵放在阳台上，我便坚信这个世界仍然是有希望的。

当你驻足花园旁边还能感受到花朵的美丽，那就说明善良的品质还没有从你身上消失。

野花盛开的山冈里并非所有的颜色都是美的，蜷曲在草丛中的毒蛇有时也穿着花色的外衣。

在通向未来的途中，花丛也许是比荆棘更难逾越的路障。

纵然是一块美玉，也必须经过艺人的精雕细刻，才能发出更绚丽的光彩。

假如一个人能有三次、五次生命，那么，十有八九的人都会成为英雄；正因为生命属于每个人只有一次，所以生死抉择关头，最能辨别泥沙与真金。

当一切似乎都不顺利的时候，要记住——飞机是逆风起飞的，而不是顺风起飞的。

研究历史者最容易犯的错误是：把肚子吃饱的感觉完全归功于第三个馒头。

锈斑的滋生能蚀透一块坚硬的甲板；缺点的孕育能毁掉一个七彩的人生。

破土的芽尖弯腰曲背，不要误会它在求饶，它分明是在与命运抗争。

好汉不提当年勇，这表示能注视现实与将来，值得敬佩。但是青蛙如果忘记过去是蝌蚪，那就不好了。

菩萨接受香火，全身被熏黑了。

自己鼻子上的苍蝇，自己总是打不着，何故？怕打了自己的鼻子。

他讨厌绿色。因为曾经有一只鸟，站在树枝上拉屎，恰好掉在他头上。

攀附是葛藤的生命本性。除了依赖，它永远不能独立地站起来。

一块金子，把它埋在土里，但它仍是一块金子。一块石头，把它嵌在皇冠上，但它仍是一块石头。

金子，无论在什么地方，什么时候都闪闪发光。石头，无论在什么地方，什么时候都要靠别人来装束自己。

去掉身上的多余，补足身上的不足，这不仅仅是雕塑家的艺术。

有路的悬崖比无路的荒原更可怕。

血，无比珍贵。可一旦离开血管，便成了一堆污秽。

最先落在大地上的雪花总是一落下来就悄悄地融化了。

钻头为了一个垂直的目标也要灵活地旋转。

竹笋、芦锥及一切新生的嫩芽哟，为什么都一律带着尖锐的模样？莫非你们都知道怎么去迎接解放？

过多的赞美同在杯中加过多的糖一样，都会使人感到腻烦的。

耳朵喜欢偷懒，只想听熟悉的声响，听到意外的就震惊；而眼睛常常缺乏耐心，只想看新奇的东西，一见到重复就厌烦。

旭日和夕阳同样地不那么耀眼，因此，要比较它们，非得等一会不可。

西瓜既甜水又多，但西瓜不是在甜水里泡出来的，而是深深植根于泥土之中。

我爱翠竹，但是对于其形其色足以乱真、其毒足以致人死命的"竹叶青"蛇呢？生活告诉我们：所有的颜色都不能代表事物的本质！

躲进林子里的鸟，固然不易被击落，但长此下去，便失去了飞翔天空的骄傲。

无边的夜吞没不了萤火虫的一缕亮光，它用自己的行动证明，微小不代表怯弱。

笼中的小鸟向往着蔚蓝的天空时，缸里的金鱼正游得十分怡然自得！

环境险恶对野兔来说不一定都是坏事，它的快速与机敏即为明证。

为窃食苦于冒险的耗子，不理解人为什么有那么多食品。

大鹏若把巢穴也筑在湖边草丛，岂不是与蓬雀苟同！

蜘蛛结网，只是为自己谋生；春蚕吐丝，为着给他人造福。

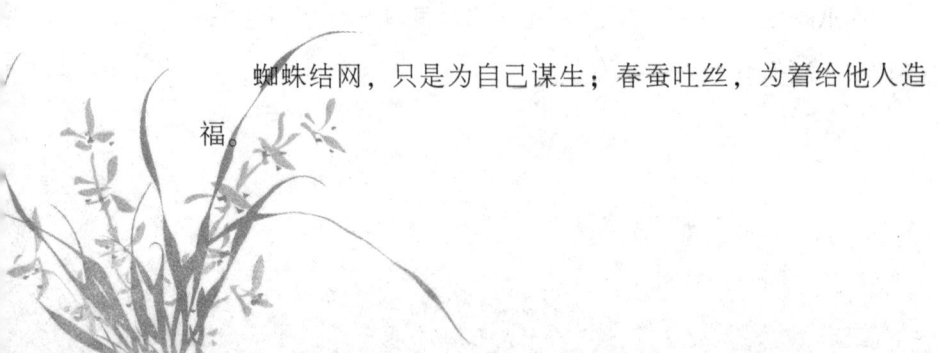

家燕的家是巢，海燕的家是海。离开了海，就不成其为海燕。

蝌蚪摆脱不了尾巴难以长大；青年克服不了缺点焉能进步？

小鸟的幸福在于飞翔，没有了飞翔，它的生活将是漆黑一团；

小溪的幸福在于奔流，没有了奔流，它的生命便是死水一潭。

有一夜间暴富的鼠，必有长期失职的猫。

蛇并非都有毒，但那不了解蛇的人提防所有的蛇；人并非都冷酷，但那受过惊吓的鸟提防所有的人。

候鸟们都纷纷飞走了，唯有麻雀不愿离去，用真情的絮语温暖故乡寒冬。

一把米糠，一个温暖的小窝，这就是母鸡有翅不能高飞的

全部原因。

雄鹰飞得越高，越为人们所赞美；灰尘飞得越高，却越为人们所厌恶。

当苍蝇落到蜂蜜里，它的末日也就来临了；当芦苇戴上了王冠时，它的生机也就失去了。

花枝招展的蝴蝶无论装扮得怎样美妙动人，也永远不会像蜜蜂那样受人青睐；因为蝴蝶只知吸取，而蜜蜂懂得酿造。

麻雀用饶舌叽叽喳喳来表白自己，而蚯蚓用辛勤劳作和默默耕耘来描绘自己。

生是个偶然，死是个偶然，但是有人却没有想到在生死之间这段路上存在着某种必然。

一棵孤树，会被狂风拔起；一片森林，却能挡住狂风——团结就是力量。

牛黄和狗宝是很珍贵的药材，价值昂贵。但是，却生长在其貌不扬的病牛、病狗身上。

　　玻璃总是埋怨窗框把它限制得太死了。一次，大风来了，玻璃离开了窗框，但是，一落到地上，就全碎了。

　　手骨折断了，需要上石膏、用夹板。这当然不是剥夺手的自由。相反，恰恰是为了以后长远的自由。这不正是一种真心诚意的爱护么？

195

　　有害的物质太多固然会造成污染，有益的物质太多，照样也会造成污染。因为即使是最甜的食物，吃多了也会使胃肠不舒服。

　　我现在懂得一切事物都有明处和暗处，例如人脸便是明暗相争的结果，如果没有暗处，只有明处，人脸就不成其为脸，而是一张饼了。

　　弯曲的钉子，能把它弄直，只是以后敲打它时需格外小心，因为在那个脆弱的地方极易弯曲。

　　在进取的道路上不要依恋自己的影子。要知道，当你面对影子裹足不前时，正好背离了给你方向、给你温暖的阳光。

十一、语海采珠

老是仰望那高空中耀眼的太阳、皎洁的月亮、明丽的星星，你不觉得人生太累了吗？那些朗洁、圣明之物对你来说，或许永远可望而不可即。与其望穿秋水，望酸脖子，倒不如埋下头来踏踏实实地走自己的路。

伟人之所以伟大，关键在于：当他与别人共处逆境时，别人失去理智，他则下决心实现自己的目标。

伟人和我们的不同主要在于他们那股非凡的毅力，而毅力是每一个不怕吃苦的人都有的。

伟人最明显的标志就是他坚强的意志，不管环境怎样变换，他的初衷与希望仍不会有丝毫的改变。最终克服障碍，达到期望的目的。

所谓伟人和庸人的区别无非就是：前者始终有一个清晰的指向，并且充满自信。义无反顾地走下去；而后者终日混混沌沌，始终不敢向着未来，迈出那决定性的一步。

秋天了，成熟的果实却低下了头，它不是在孤芳自赏，也不是在自我陶醉，更不是哀泣自己将跌落枝头。它是在想，我是怎样成熟的呢？不是风，我能成熟吗？怕早已霉烂了；不是雨，我能成熟吗？怕早已干瘪了？不是光，我能成熟吗？怕早已苍白了；不是热，我能成熟吗？怕早已憔悴了。世界上有不经过风吹雨打而成熟的果实吗？世界上有不经过光射日晒而成熟的收获吗？

在我们一生中，值得做的事不可能都做完，因此，我们求助于希望；在历史的任何直接内涵中，完全意义上的真善美是不存在的，因此我们求助于信仰；我们所做的事，不论有多大效力，都不可能单独完成，因此我们求助于爱。

飞瀑之下横空架起的彩虹，是巨流粉身碎骨的杰作。但拥有满腔激情的巨流仍不会死去，留下供人赞美的景观之后，又悠然而去了。惟有富有激情的生命才是既美丽又永恒的。

不要以为有了这个就会有那个，不要以为有了名声就有了信誉，不要以为有了成就就有了幸福，不要以为有了权利就有了威望，不要以为这件事做好了下一件事也一定做得好。

受挫一次，对生活的理解加深一层；失误一次，对人生的醒悟增添一阶；不幸一次，对世间的认识成熟一级；磨难一次，对成功的内涵透彻一遍。从这个意义上说，要想获得成功和幸福，要想过得快乐和欢欣，首先要把失败、不幸、挫折和痛苦读懂。

一个外表丑陋的女人，或许是聪慧的，因为他把穿着打扮的时间都用于修饰心灵了；一个外表平庸的女人，或许是有一双巧手的，因为她深信勤能补拙。如果不是这样，上帝就实在太不公平了。

意志薄弱的人，为了摆脱孤独，便去寻找安慰和刺激；意志坚强的人，为了摆脱孤独，便去追寻充实和超脱。尽管两者出发点一样，但结局却有天壤之别：前者因为孤独而沉沦，后者因为孤独而升华。

永远不要后悔你所做过的任何事情，因为不管是成功还是失败，你都可以从中获得经验，你因发生在你身上的每一件事而变得更加"富有"。

你的脚陷进泥淖，搀你一把就会走上来；我的身体失去平衡，扶我一把就会站稳。生活中你我需要搀扶着前行。

有散才能有聚，花落才有花开，若没了那一份遗憾，又何来狂喜？若没了那一份无奈，又怎么懂得珍惜？

在没有人攀登过的峰岭上，留下你的足迹；在没有人涉猎过的领域中，挥洒你的智慧；在没有人征服过的难题后面，展示你独到的推理；在没有人耕耘过的处女地上，去创造生命的价值。

感情这个东西无疑是世界上最宝贵的，它威力挟不来，金钱买不到；感情这个东西无疑也是世界上最神秘的，它无形、无声、无味，用显微镜也看不着。然而，它又确确实实地存在于人与人之间，存在于每个人身上。要完全懂得它的真谛，需用心血浇灌，需用光阴锻造。

只要你不拒绝雪山的冷漠，圣洁的山中雪莲就不拒绝你美

好的心愿；只要你不拒绝远方不可测的风雨，地平线就不会拒绝你的痴迷追求；只要你不拒绝小草的卑微，希望的田野就不会拒绝你质朴的恋情；只要你不拒绝一步一个脚印的平凡，诱人的辉煌就不拒绝你放飞的渴望。对于未来的邀请，只要你不拒绝，即使现在平淡无奇，但迟早你会步入非凡的殿堂。

追求品位，失去的是一种实用；追求高雅，却少了一份精明；得到财富，同时也耗尽了时间和精力；享受清闲，意味着放弃了许多机会。去追求一样东西，同时也在失去另一件东西。

一个人有某种潜力而不去自我挖掘，那就如同一块肥沃的荒地，最多成为草的乐园。

花园里弯曲的小径，可增添诗情画意；生活中崎岖的道路，能锤炼钢筋铁骨。

总是有许多人愿舍弃眼前的幸福到远方去，就让他们去吧！不必用佳肴把志在高空的鸟桎梏在笼子里，尽管笼子很大，但笼子毕竟不是天空。

涓涓细流，历经曲折总会归向大海，粒粒黄沙，不屈不挠

终于筑起大漠。它们既没有因点滴功绩而陶醉，也没有因道路波折而屈服。这应该成为当今青年应有的品格。

当一个真正的人才出现在世界上的时候，你可以发现：开头，所有的庸人都共谋反对他；以后，所有的庸人都争相恭维他。

有人崇拜名牌，有人却喜欢挑剔名牌；有人承认成就，更有人因为旁人的成就而虎视眈眈；有人渴望权利，也有无数只眼睛盯着你权利的应用。

我常常为大自然的和谐而感动：各种艳丽的鲜花竞相开放，它们占有自己的位置，却无意于身旁别的鲜花；各种伟岸的树生长着，它们的根须互相渗透，却彼此保持一定的距离。

缺憾有时也是美的，这犹如树梢那遮掩的半轮月，乍隐还显；人生求索中难免也会有这样那样的缺憾，不必去追求圆满，更不可求全责备。

我们礼赞圆月，也赞美一弯新月。倘若没有初一那弯银镰般的新月，十五那银盘似的圆月也未必百看不厌。

如果天空飞翔着和平的信使，白云才能驮来幸福的欢乐；如果人生与光明的追求连在一起，双足才能踏平道道坎坷；如果身躯奔涌着智慧和健康的血液，生命之树才能永葆长青的本色。

岁月是一条弯弯的小河，你是河上的一介渔夫。在收获肥美鱼虾的同时，也收获风浪的颠簸。

天大的事压下来，只要还有信赖的朋友，就会有支柱；漂泊得再遥远，只要还有信赖的呼唤，就不会迷失回家的路。

虽然我们都是些平凡得不能再平凡的人，但我们的心灵和精神并不暗淡，哪怕为生活增添一点光彩，都会感到自己是充实的。

不企望未来一定要辉煌灿烂，只愿今天的每一步都要踏实；不期盼机遇一定会主动宠幸自己，但愿奔跑着用生命去捕捉每一线希望。

在盛大的节日，人们翘首凝望那五彩缤纷的礼花，赞叹着一个神奇美丽的世界。此时，却很少有人想到，那射向夜空的每一朵礼花，都曾经受过痛苦的燃烧。